まえがき

新学習指導要領の改訂により、小学校で学ぶ内容は英語なども加わり多岐にわたるようになりました。しかし、算数や国語といった教科の大切さは変わりません。

そして、算数の力を身につけるためには、学校の授業で学んだことを「くり返し学習する」ことが大切です。ただ、学校で学ぶことはたくさんあるけれど、学習時間は限られているため、家庭での取り組みが一層大切になってきます。

ロングセラーをさらに使いやすく

本書「陰山ドリル　上級算数」は、算数の基礎基本を身につけ、さらに応用力を養うドリルです。

長年、小学生や保護者の皆さんに支持されてきました。それは、「家庭」で「くり返し」、「取り組みやすい」よう工夫されているからです。

今回、指導要領の改訂に合わせ、内容の更新を行うとともに、さらに新しい工夫を加えています。

陰山ドリル上級算数のポイント

・図などを用いた「わかりやすい説明」
・「なぞり書き」で学習でサポート
・大切な単元には理解度がわかる「まとめ」つき
・豊富な問題量で応用力を養う

つまずきを少なくすることで「算数の苦手意識」をなくし、できたという「達成感」が得られるようになります。

本書が、お子様の学力育成の一助になれば幸いです。

陰山英男・桝谷雄三

もくじ

月　　日

九九のきまり (1)

名前

わなげをしました。

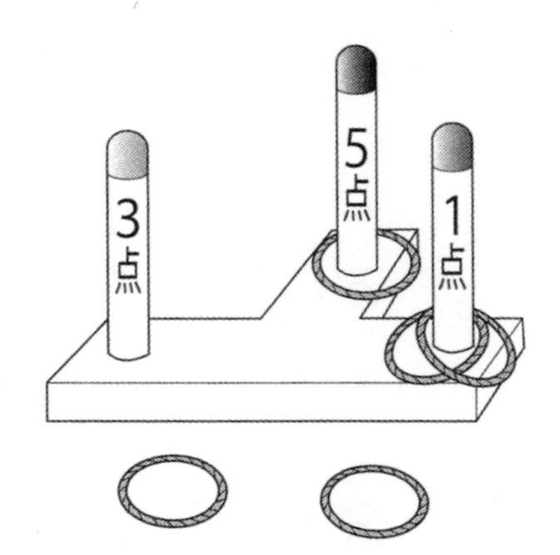

① わが入った数を表（ひょう）にかきましょう。

5点	3点	1点	0点

② とく点を調（しら）べましょう。

点数 × 入った数 ＝ とく点

㋐ 5 × □ ＝ □

㋑ 1 × □ ＝ □

③ とく点をもとめる式（しき）をかきましょう。3点のところは、わがないので入った数は0です。

点数　入った数　とく点

3 × □ ＝ □

④ とく点をもとめる式をかきましょう。0点のところは、わがあっても0です。

点数　入った数　とく点

0 × □ ＝ □

九九のきまり (2)

名前

1 次(つぎ)の計算をしましょう。

① $1\times0=$　② $2\times0=$　③ $3\times0=$

④ $5\times0=$　⑤ $7\times0=$　⑥ $9\times0=$

⑦ $4\times0=$　⑧ $6\times0=$　⑨ $8\times0=$

どんな数に0をかけても、答えは0になります。

2 次の計算をしましょう。

① $0\times1=$　② $0\times2=$　③ $0\times5=$

④ $0\times8=$　⑤ $0\times9=$　⑥ $0\times3=$

⑦ $0\times4=$　⑧ $0\times6=$　⑨ $0\times7=$

0にどんな数をかけても、答えは0になります。

月　日

九九のきまり (3)

名前

かけ算の表(ひょう)に答えをかきましょう。

九九の表

×	かける数									
	0	1	2	3	4	5	6	7	8	9
かけられる数 0										
1										
2										
3										
4										
5										
6										
7										
8										
9										

九九のきまり (4)

名前

1 図を見て、4のだんについて考えましょう。

㋐ 4×3

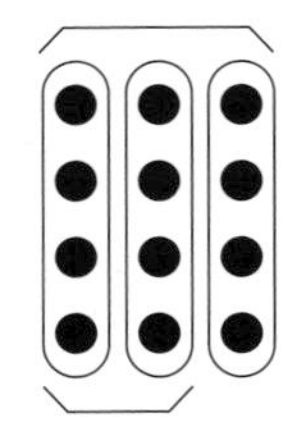

㋑ 4×2+4

① 次の□に数をかきましょう。

㋐ 4×[3]=12

㋑ 4×[2]+4=12

② ㋐の式(しき)も㋑の式も答えが12になります。

4×3=4×2+4
㋐　　　㋑

=は **等号**(とうごう) といいます。

2 次(つぎ)の□に数をかきましょう。

㋐ 4×3

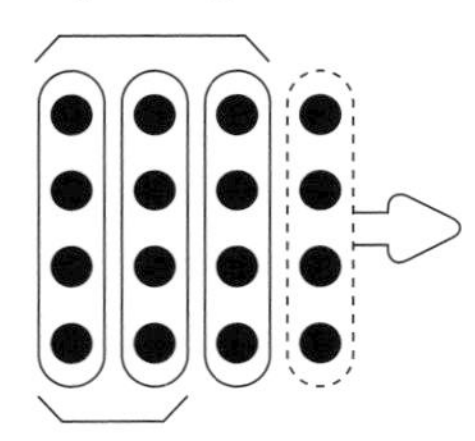

㋑ 4×4−4

4×3=4×4−□

4×3の答えは、4×4の答えより

□小さい。

かける数が1ふえると、答えはかけられる数だけ大きくなります。

また、かける数が1へると、答えはかけられる数だけ小さくなります。

月　日

九九のきまり (5)

名前

1 図を見て、3×4について考えましょう。

① おかしが、たてに3こずつで、横(よこ)に4列(れつ)ならんでいます。全部(ぜんぶ)で何こありますか。

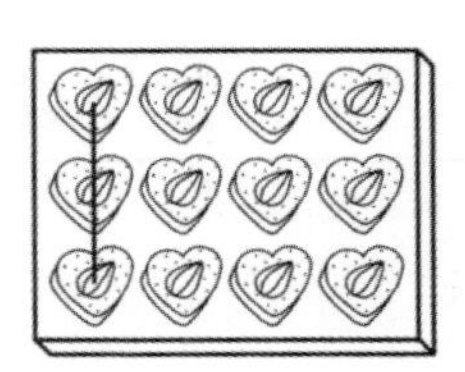

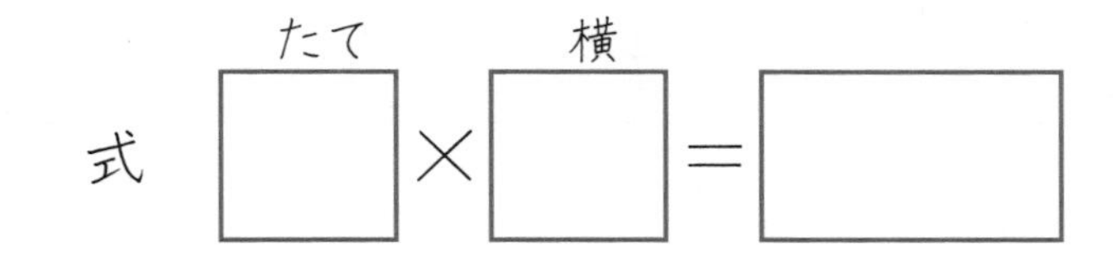

答え

② 上のおかしの箱(はこ)の向きをかえました。おかしは、全部で何こありますか。

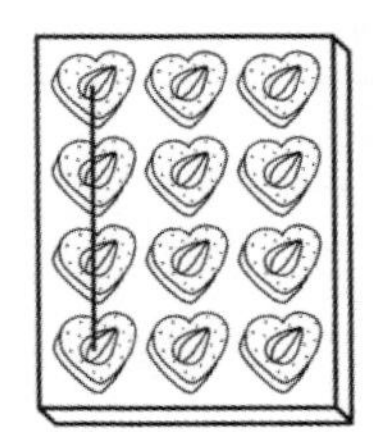

式

答え

かけ算では、かけられる数とかける数を入れかえても、答えは同じです。

2 次の□に数をかきましょう。

① 5×4＝□×5　② 8×5＝□×8

③ 3×7＝□×3　④ 7×9＝9×□

⑤ 6×7＝7×□　⑥ 4×8＝8×□

たし算 (1) くり上がりなし

名前　　　　月　　日

次の計算をしましょう。一のくらいから計算します。

①

	5	5	1
＋	4	2	3

②

	4	2	1
＋	5	4	6

③

	3	1	1
＋	4	8	3

④

	2	2	3
＋	4	2	4

⑤

	3	1	2
＋	5	7	1

⑥

	1	7	6
＋	4	0	2

⑦

	3	8	0
＋	5	1	6

⑧

	8	0	2
＋	1	9	4

⑨

	2	7	4
＋		2	5

⑩

	1	4	3
＋		5	2

⑪

	2	2	7
＋			2

⑫

	5	0	4
＋			3

月　日

たし算 (2) くり上がり１回

名前

次の計算をしましょう。

①

	7	2	9
＋	1	2	4

②

	5	6	4
＋	4	1	8

③

	1	6	9
＋	4	2	1

④

	4	3	9
＋		3	5

⑤

	3	0	7
＋		6	5

⑥

		6	4
＋	2	1	9

⑦

	2	5	4
＋			7

⑧

	6	4	8
＋			6

⑨

			3
＋	3	5	7

⑩

	5	8	3
＋	2	8	4

⑪

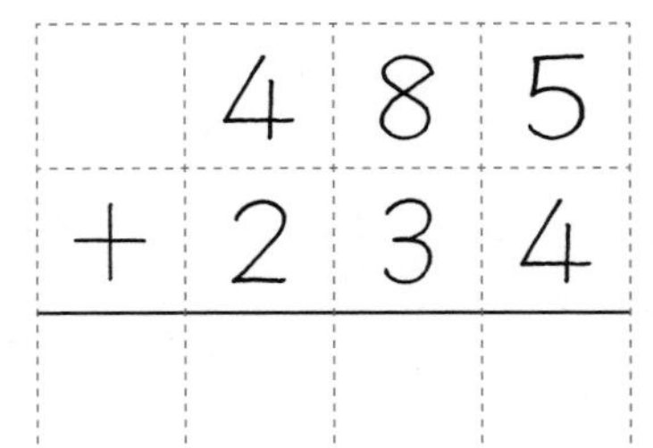

	4	8	5
＋	2	3	4

⑫

	2	7	4
＋	1	3	2

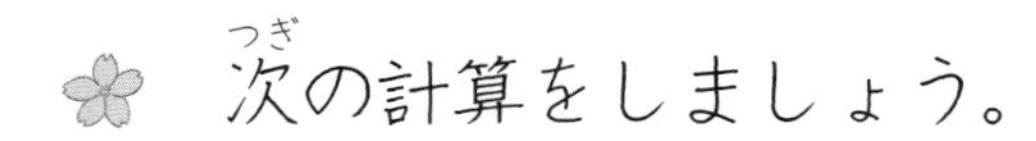

たし算 (3) くり上がり２回

名前

次(つぎ)の計算をしましょう。

① 392 ＋ 569 ＝

② 298 ＋ 145 ＝

③ 279 ＋ 468 ＝

④ 245 ＋ 376 ＝

⑤ 357 ＋ 397 ＝

⑥ 568 ＋ 292 ＝

⑦ 449 ＋ 161 ＝

⑧ 373 ＋ 537 ＝

⑨ 438 ＋ 373 ＝

⑩ 269 ＋ 582 ＝

⑪ 187 ＋ 529 ＝

⑫ 436 ＋ 275 ＝

たし算 (4) くりくり上がり

月　日

名前

次の計算をしましょう。

①

	2	6	9
+	3	3	2

②

	3	0	6
+	4	9	7

③

	4	4	5
+	1	5	9

④

	4	5	3
+	2	4	9

⑤

	5	1	5
+	2	8	5

⑥

	3	6	1
+	2	3	9

⑦

	1	9	7
+	7	0	3

⑧

	3	8	9
+	2	1	7

⑨

	4	0	7
+		9	3

⑩

	2	1	4
+		8	6

⑪

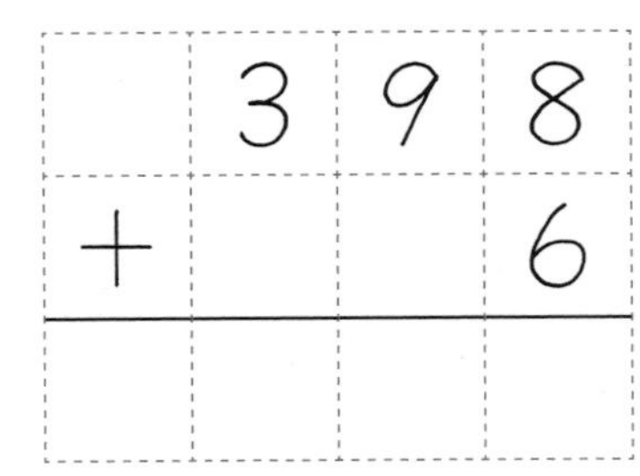

	3	9	8
+			6

⑫

	1	9	3
+			9

たし算 まとめ (1)

月　　日

名前

次(つぎ)の計算をしましょう。　（1 つ 10 点）

①

	5	2	4
＋	3	6	1

②

	7	3	9
＋	1	2	5

③

	1	8	7
＋	5	3	3

④

	5	6	8
＋	2	9	7

⑤

	4	5	3
＋	1	4	8

⑥

	4	8	7
＋	3	1	1

⑦

	1	6	9
＋	2	1	4

⑧

	3	7	4
＋	5	3	8

⑨

	4	2	5
＋	1	7	6

⑩

	3	8	3
＋	2	1	7

点

たし算 まとめ (2)

月　日

名前

次の計算をしましょう。（1つ10点）

①

	3	5	4
＋	1	2	4

②

	4	3	4
＋	1	6	5

③

	7	1	2
＋	1	9	9

④

	5	1	6
＋	2	5	6

⑤

	3	5	0
＋	3	7	6

⑥

	2	9	9
＋	1	7	6

⑦

	4	8	5
＋	4	8	2

⑧

	4	5	9
＋	3	4	8

⑨

	2	6	9
＋	3	9	6

⑩

	4	1	6
＋	2	8	8

点

月　日

ひき算 (1) くり下がりなし

名前

次(つぎ)の計算をしましょう。

①

	6	8	6
−	5	2	1

②

	8	6	9
−	3	4	5

③

	5	7	3
−	2	3	0

④

	9	7	7
−	6	1	4

⑤

	3	9	9
−	1	8	4

⑥

	4	8	8
−	1	4	0

⑦

	7	4	9
−	6	2	1

⑧

	8	3	6
−	5	2	1

⑨

	6	0	8
−	2	0	7

⑩

	9	4	8
−	3	4	8

⑪

	6	5	3
−		3	1

⑫

	5	8	7
−			7

ひき算 (2) くり下がり１回

月　　日　名前

次の計算をしましょう。

①

	8	6	4
−	4	2	6

②

	3	7	5
−	1	5	8

③

	9	8	2
−	3	1	9

④

	7	5	3
−		2	4

⑤

	4	6	0
−		4	9

⑥

	6	7	0
−			5

⑦

	9	4	7
−	5	8	3

⑧

	3	1	8
−	1	5	8

⑨

	5	1	4
−	4	6	2

⑩

	9	1	5
−		8	2

⑪

	7	3	7
−		7	5

⑫

	6	4	4
−		9	4

月　日
名前

ひき算 (3) くり下がり２回

次(つぎ)の計算をしましょう。

①
	8	2	1
−	5	4	5

②
	8	2	0
−	1	6	3

③
	6	7	1
−	1	8	6

④
	7	4	0
−	4	7	8

⑤
	7	3	1
−	5	5	2

⑥
	4	5	0
−	1	9	6

⑦
	7	5	2
−	4	5	5

⑧
	6	7	5
−	2	7	7

⑨
	8	3	0
−	4	3	4

⑩
	5	5	2
−	4	6	4

⑪
	3	8	4
−	2	8	6

⑫
	1	2	1
−		5	1

月　日

ひき算 ⑷ くりくり下がり

名前

次の計算をしましょう。

①

	6	0	5
−	1	2	6

②

	8	0	1
−	5	8	8

③

	8	0	2
−	3	1	6

④

	5	0	2
−	1	4	7

⑤

	7	0	2
−	4	8	9

⑥

	9	0	0
−	3	7	3

⑦

	4	0	0
−	1	8	7

⑧

	8	0	0
−	3	2	5

⑨

	4	0	3
−	3	9	4

⑩

	8	0	5
−	7	1	6

⑪

	5	0	6
−	2	0	8

⑫

	8	0	1
−	7	0	7

ひき算 まとめ (3)

月　日

名前

次(つぎ)の計算をしましょう。　（1つ10点）

①

	8	6	2
−	4	2	8

②

	7	3	1
−	4	5	6

③

	6	0	4
−	1	3	8

④

	4	8	8
−	1	4	6

⑤

	4	6	1
−		3	8

⑥

	6	5	2
−	1	9	6

⑦

	8	3	0
−	4	3	7

⑧

	8	0	0
−	2	8	3

⑨

	5	1	4
−	3	3	2

⑩

	5	0	1
−	1	7	8

点

ひき算 まとめ (4)

名前

次の計算をしましょう。 （1つ 10 点）

①

	6	6	8
−	1	5	8

②

	8	6	9
−	5	1	1

③

	3	5	8
−		4	5

④

	7	7	0
−	3	6	2

⑤

	4	3	1
−		2	4

⑥

	9	4	2
−	1	7	1

⑦

	5	3	1
−	2	9	9

⑧

	8	6	2
−	4	9	7

⑨

	6	0	5
−	4	3	7

⑩

	7	0	0
−	3	1	6

点

月　日

名前

たし算とひき算 (1)

次(つぎ)の計算をしましょう。

①

	6	3	4	5
＋	3	1	3	0

②

	2	8	7	1	5
＋		3	1	6	2

③

	1	4	0	8
＋		2	4	4

④

	4	0	2	3	8
＋	1	7	6	1	1

⑤

	6	5	5	2
＋		8	2	6

⑥

	1	1	6	7	6
＋	3	8	2	5	1

⑦

	5	6	4	2
＋	2	7	5	9

⑧

	4	0	5	5	8
＋	3	8	3	6	9

月　　日

たし算とひき算 (2)

名前

次の計算をしましょう。

①

	4	9	8	3
−	2	8	5	1

②

	5	4	7	8	8
−	3	1	6	5	8

③

	3	2	6	3
−	2	1	4	1

④

	5	5	4	2	0
−	3	7	2	6	0

⑤

	4	3	0	5
−	3	5	4	9

⑥

	1	0	2	7	1
−		5	4	1	5

⑦

	5	5	9	7
−	3	7	9	9

⑧

	5	6	4	0	8
−	4	8	5	1	9

月　日

時こくと時間 (1)

1 2時間目は、午前10時30分に終わります。勉強する時間は45分間です。2時間目がはじまった時こくをもとめましょう。

	9		90	
	~~10~~	時	~~30~~	分
−			45	分
		時		分

答え

2 お兄さんの野球のおうえんに行くことになり、球場に午後1時15分に着くように家を出ます。家から球場まで30分かかります。午後何時何分に家を出たらいいですか。

式

答え

3 青森のおじいちゃんの家へ行くのに、新かん線はやて23号で、新青森駅に午後2時33分に着きました。東京駅からのって3時間37分かかりました。東京駅を出た時こくをもとめましょう。

式

答え

月　　日

時こくと時間 (2)

名前

1　2時間目は、午前9時50分にはじまり、45分間勉強します。2時間目の終わりの時こくをもとめましょう。

	9 時 50 分
＋	45 分(間)
	9 時 95 分
	60 分
	時　　分

答え

2　学校を午後3時40分に出ました。学校から家まで30分かかります。家へ着いた時こくは、午後何時何分ですか。

式

答え

3　お父さんは、出ちょうで午前8時59分新大阪(しんおおさか)駅発の新かん線さくら547号に乗(の)りました。鹿児島中央(かごしまちゅうおう)駅まで4時間10分かかります。鹿児島中央駅に着いた時こくをもとめましょう。

式

答え

時こくと時間 (3)

月　日

名前

テレビのコマーシャルはどのくらいの時間やっているのかと時計を見ましたが、わかりませんでした。

お姉さんがストップウォッチを使ったらいいよと教えてくれました。はかると30秒でした。

1分より短い時間のたんいに 秒 があります。
1分＝60秒

1 次の時間を秒にしましょう。

〈れい〉 1分20秒＝80秒
60秒＋20秒

① 1分30秒＝(　　秒)　② 2分50秒＝(　　秒)

③ 3分10秒＝(　　秒)　④ 4分　＝(　　秒)

2 次の時間を分と秒にしましょう。

〈れい〉 90秒＝1分30秒
90秒－60秒＝30秒

① 95秒＝(　分　秒)　② 150秒＝(　分　秒)

③ 200秒＝(　分　秒)　④ 250秒＝(　分　秒)

時こくと時間 (4)

月　日

名前

1 次の時間を秒にしましょう。

① 1分＝（　　　秒）　② 1分10秒＝（　　　秒）

③ 2分＝（　　　秒）　④ 2分20秒＝（　　　秒）

⑤ 3分＝（　　　秒）　⑥ 3分30秒＝（　　　秒）

2 次の時間を分と秒にしましょう。

① 70秒＝（　　分　　秒）　② 90秒＝（　　分　　秒）

③ 130秒＝（　　分　　秒）　④ 150秒＝（　　分　　秒）

⑤ 190秒＝（　　分　　秒）　⑥ 210秒＝（　　分　　秒）

3 ジュニア水泳(すいえい)大会の男子50m自由形(じゆうがた)は34秒で、平泳(ひらおよ)ぎは46秒です。

ちがいは何秒ですか。

式(しき)

答え

月　日

かけ算（× 1けた）(1)

名前

	1	2
×		3
	3	6

㋐ たてにくらいをそろえてかきます。
㋑ 3×2をします。
㋒ 3×1をします。

	3	1
×		5
1	5	5

㋐ たてにくらいをそろえてかきます。
㋑ 5×1をします。
㋒ 5×3をします。

次(つぎ)の計算をしましょう。

①

	2	1
×		4

②

	3	3
×		3

③

	2	0
×		3

④

	4	2
×		2

⑤

	5	2
×		3

⑥

	4	2
×		4

⑦

	4	1
×		8

⑧

	6	2
×		3

⑨

	7	1
×		2

⑩

	8	3
×		3

⑪

	9	1
×		5

⑫

	4	3
×		3

月　　日

かけ算（× 1けた）(2)

名前

	2	5
×		3
	7[1]	5

㋐ たてにくらいをそろえて数をかきます。
㋑ 3×5をします。
三五 15の1は、十のくらいに小さくかきます。
㋒ 3×2をして、小さくかいた数をたします。

次の計算をしましょう。

① 26×3

② 29×2

③ 15×5

④ 17×3

⑤ 29×3

⑥ 48×2

⑦ 17×4

⑧ 12×6

⑨ 18×9

⑩ 26×4

⑪ 35×3

⑫ 16×8

かけ算（× 1けた）(3)

	3	4
×		5
1	7[2]	0

㋐ たてにくらいをそろえて数をかきます。

㋑ 5×4をします。
五四20の2は、十のくらいに小さくかきます。

㋒ 5×3をします。
五三15と小さくかいた2をたします。

次(つぎ)の計算をしましょう。

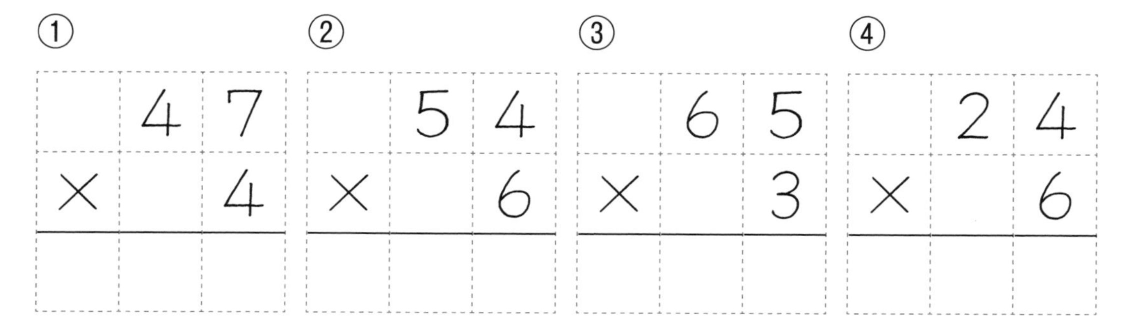

① 47 × 4

② 54 × 6

③ 65 × 3

④ 24 × 6

⑤ 88 × 6

⑥ 79 × 4

⑦ 59 × 9

⑧ 68 × 6

⑨ 39 × 6

⑩ 28 × 8

⑪ 46 × 7

⑫ 67 × 3

月　日

かけ算（× 1けた）⑷

名前

	4	1	3
×			2
	8	2	6

㋐　たてにくらいをそろえて数をかきます。
㋑　2×3をします。
㋒　2×1をします。
㋓　2×4をします。

次の計算をしましょう。

①

	1	2	2
×			4

②

	3	2	2
×			3

③

	2	3	4
×			2

④

	5	1	4
×			2

⑤

	6	3	2
×			3

⑥

	7	1	2
×			4

⑦

	8	2	3
×			3

⑧

	9	4	4
×			2

⑨

	6	1	3
×			3

かけ算（× 1けた）⑸

月　日

名前

	7	2	3
×			4
2	8	9[1]	2

㋐ たてにくらいをそろえて数をかきます。
㋑ 一のくらいからじゅんにかけ算をします。
※ 九九の答えが2けたになるときは、注意(ちゅうい)して計算します。

次(つぎ)の計算をしましょう。

①

	8	6	5
×			3

②

	9	1	8
×			4

③

	8	4	5
×			2

④

	5	9	6
×			5

⑤

	3	9	3
×			6

⑥

	5	7	9
×			4

⑦

	9	8	3
×			6

⑧

	6	3	8
×			7

⑨

	7	5	4
×			8

かけ算（× 1けた）⑹

	6	3	0
×			3
1	8	9	0

※　0もほかの数と同じように考えて計算します。

次の計算をしましょう。

①

	8	4	0
×			9

②

	5	7	0
×			8

③

	4	0	7
×			5

④

	3	0	0
×			7

⑤

	2	0	0
×			9

⑥

	3	0	6
×			9

⑦

	7	0	0
×			4

⑧

	3	4	0
×			3

⑨

	6	0	8
×			4

月　日

かけ算（× 1けた）まとめ (5)

名前

1 次(つぎ)の計算をしましょう。（1つ7点）

①
$$\begin{array}{r} 27 \\ \times \quad 3 \\ \hline \end{array}$$

②
$$\begin{array}{r} 34 \\ \times \quad 8 \\ \hline \end{array}$$

③
$$\begin{array}{r} 61 \\ \times \quad 4 \\ \hline \end{array}$$

④
$$\begin{array}{r} 73 \\ \times \quad 4 \\ \hline \end{array}$$

⑤
$$\begin{array}{r} 86 \\ \times \quad 3 \\ \hline \end{array}$$

⑥
$$\begin{array}{r} 99 \\ \times \quad 9 \\ \hline \end{array}$$

⑦
$$\begin{array}{r} 48 \\ \times \quad 2 \\ \hline \end{array}$$

⑧
$$\begin{array}{r} 87 \\ \times \quad 6 \\ \hline \end{array}$$

⑨
$$\begin{array}{r} 28 \\ \times \quad 8 \\ \hline \end{array}$$

⑩
$$\begin{array}{r} 72 \\ \times \quad 3 \\ \hline \end{array}$$

⑪
$$\begin{array}{r} 58 \\ \times \quad 7 \\ \hline \end{array}$$

⑫
$$\begin{array}{r} 47 \\ \times \quad 5 \\ \hline \end{array}$$

2 えんぴつ1ダースは12本です。8ダースは何本ですか。

（16点）

式(しき)

答え

点

かけ算（× 1けた）まとめ ⑹

月　日

名前

次の計算をしましょう。　（1つ10点）

①

	2	1	7
×			4

②

	4	1	8
×			5

③

	7	7	6
×			8

④

	8	7	5
×			9

⑤

	4	0	5
×			8

⑥

	2	0	7
×			9

⑦

	4	2	0
×			3

⑧

	2	4	6
×			5

⑨

	8	6	4
×			8

⑩

	9	8	7
×			2

点

あなあき九九 (1)

名前

□にあてはまる数をかきましょう。

① $2 \times \square = 8$

② $3 \times \square = 12$

③ $5 \times \square = 10$

④ $2 \times \square = 10$

⑤ $4 \times \square = 8$

⑥ $3 \times \square = 15$

⑦ $6 \times \square = 48$

⑧ $2 \times \square = 12$

⑨ $7 \times \square = 14$

⑩ $4 \times \square = 12$

⑪ $3 \times \square = 18$

⑫ $6 \times \square = 12$

⑬ $2 \times \square = 14$

⑭ $8 \times \square = 16$

⑮ $7 \times \square = 49$

⑯ $9 \times \square = 18$

⑰ $4 \times \square = 16$

⑱ $6 \times \square = 18$

⑲ $4 \times \square = 24$

⑳ $7 \times \square = 21$

㉑ $5 \times \square = 15$

㉒ $3 \times \square = 21$

㉓ $9 \times \square = 27$

㉔ $4 \times \square = 20$

㉕ $8 \times \square = 24$

㉖ $5 \times \square = 35$

㉗ $3 \times \square = 24$

㉘ $9 \times \square = 36$

㉙ $6 \times \square = 24$

㉚ $8 \times \square = 40$

月　日

あなあき九九 (2)

名前

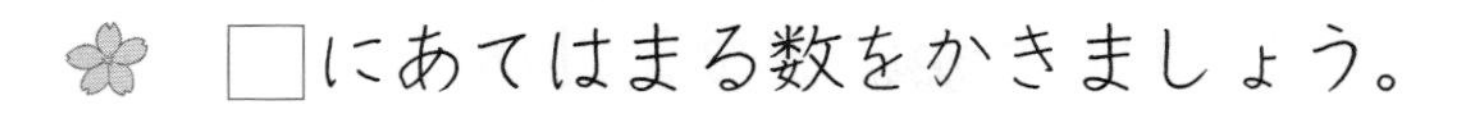

□にあてはまる数をかきましょう。

① $3 \times \square = 27$

② $8 \times \square = 48$

③ $2 \times \square = 16$

④ $9 \times \square = 63$

⑤ $4 \times \square = 28$

⑥ $5 \times \square = 20$

⑦ $7 \times \square = 28$

⑧ $6 \times \square = 30$

⑨ $2 \times \square = 18$

⑩ $7 \times \square = 42$

⑪ $5 \times \square = 30$

⑫ $9 \times \square = 45$

⑬ $6 \times \square = 42$

⑭ $8 \times \square = 64$

⑮ $5 \times \square = 40$

⑯ $7 \times \square = 35$

⑰ $4 \times \square = 36$

⑱ $9 \times \square = 54$

⑲ $6 \times \square = 36$

⑳ $9 \times \square = 81$

㉑ $5 \times \square = 25$

㉒ $8 \times \square = 56$

㉓ $6 \times \square = 54$

㉔ $8 \times \square = 72$

㉕ $4 \times \square = 32$

㉖ $9 \times \square = 72$

㉗ $7 \times \square = 56$

㉘ $5 \times \square = 45$

㉙ $6 \times \square = 48$

㉚ $7 \times \square = 63$

わり算 (1)

名前

あめ **12 こ**を、**4人**に**同じ数**ずつ分けます。**1人分**は何こになりますか。

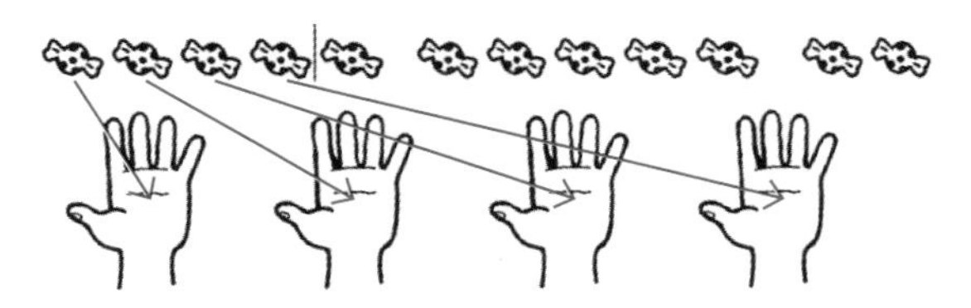

1こずつ配（くば）りましたが、まだあるので、もう1こずつ配ります。

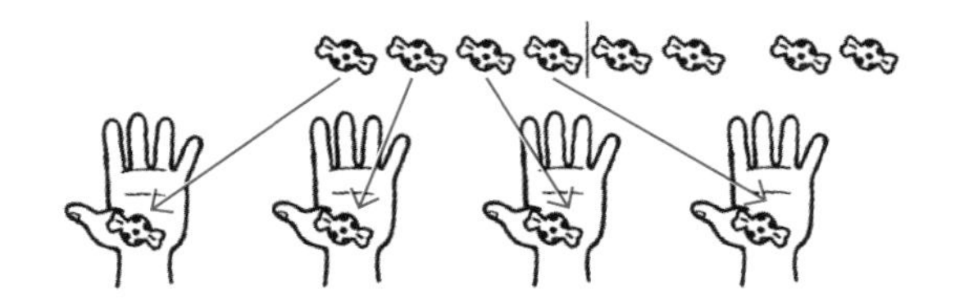

1人2こずつになりましたが、まだあるので、**もう1こずつ**配ります。

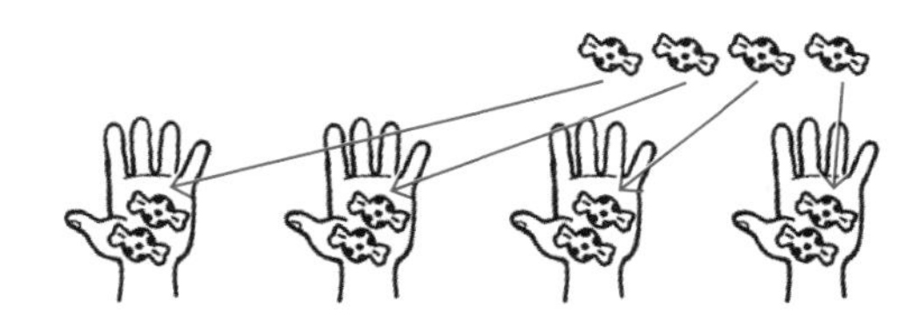

1人に3こずつ配ると、みんなななくなりました。

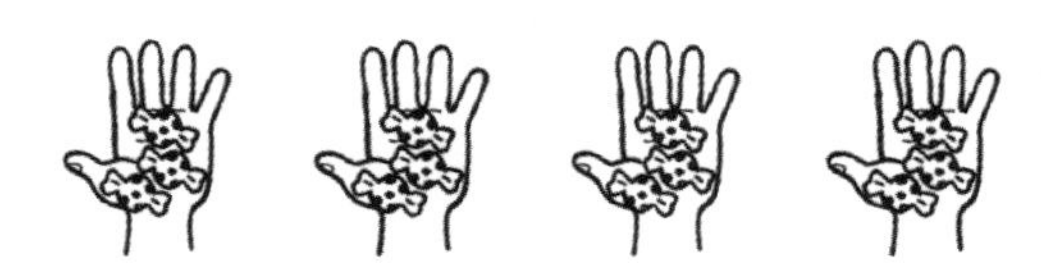

式（しき）　12÷4＝3　　　　答え　3こ

全体（ぜんたい）の数をいくつかに同じ数ずつ分けて、1あたり何こになるかの計算を**わり算**といいます。

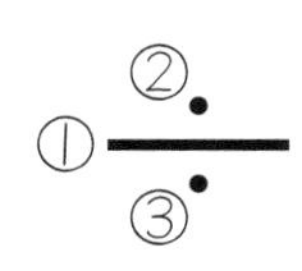

わり算 (2)

月　　日

1　18このビー玉を、6人に同じ数ずつ分けます。1人分は何こになりますか。

式

答え

2　35本のえんぴつを、5人に同じ数ずつ分けると、1人分は何本になりますか。

式

答え

3　64まいの色紙を8つのグループに同じまい数ずつ配ります。1グループあたり何まいになりますか。

式

答え

4　7人で貝を拾ったので、同じ数ずつ分けることにしました。拾った貝は全部で56こでした。1人分は何こになりますか。

式

答え

月　日

わり算 (3)

名前

✿ 12このくりを3こずつに分けます。何人に配(くば)れますか。

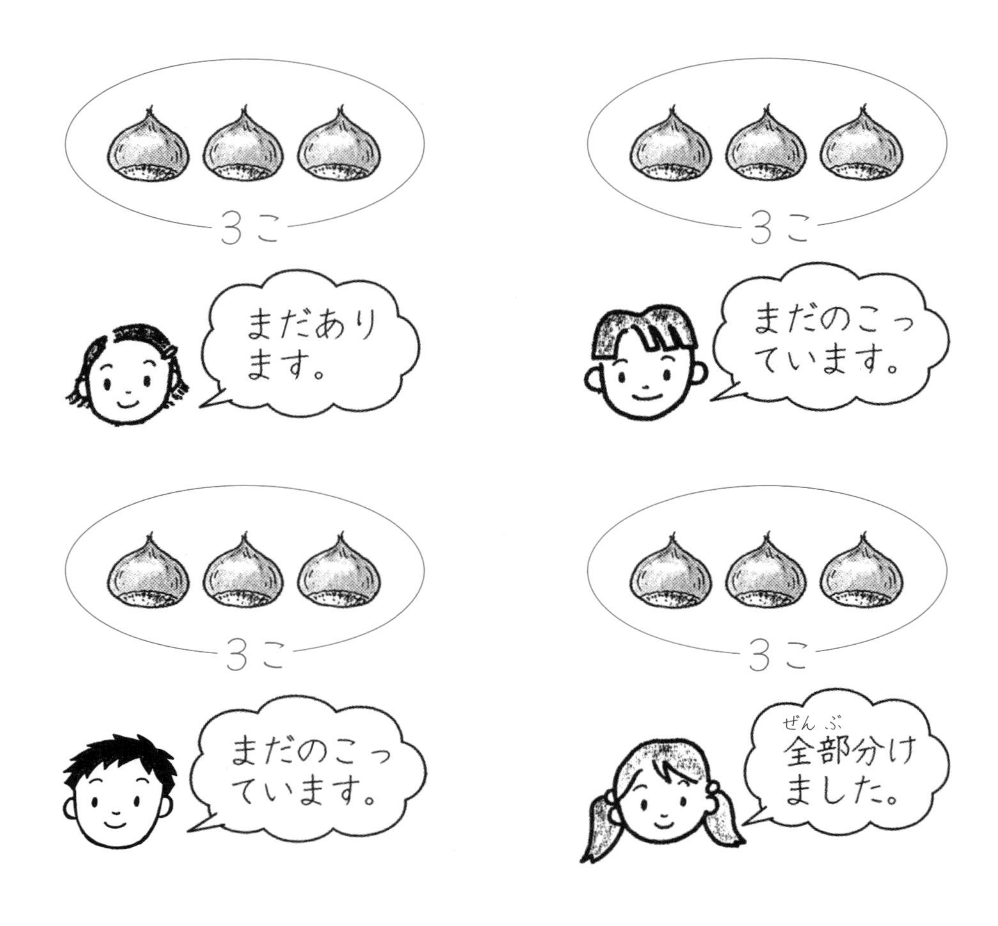

式(しき)　12÷3＝4

答え

全部をいくつかずつに分けると、いくつ分できるかという計算も **わり算** です。

12　÷　3　＝　4

（全部の数）（1つ分の数）（いくつ分）

月　日

わり算 (4)

名前

1 24このクッキーを6こずつふくろに入れます。
何ふくろできますか。

式

答え

2 15まいのおり紙を1人に5まいずつ配ります。
何人に配れますか。

式

答え

3 12mのロープを2mずつ切ると、何本のロープができますか。

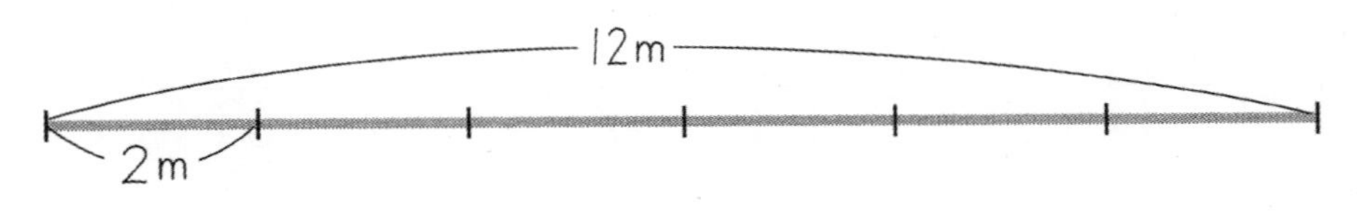

式

答え

4 32このかんづめを4こずつ箱(はこ)につめます。
何箱できますか。

式

答え

月　日

わり算 (5)

名前

42÷7を下の表(ひょう)を見ながら考えましょう。

42 ÷ 7

わられる数　わる数

① わる数が7だから、右のらんの「÷7」を見る。
② 「÷7」のらんを左にたどる。
③ わられる数の42が見つかる。
④ 42を下にたどると、答えの6が見つかる。

わり算表

わられる数										わる数
0	1	2	3	4	5	6	7	8	9	÷ 1
0	2	4	6	8	10	12	14	16	18	÷ 2
0	3	6	9	12	15	18	21	24	27	÷ 3
0	4	8	12	16	20	24	28	32	36	÷ 4
0	5	10	15	20	25	30	35	40	45	÷ 5
0	6	12	18	24	30	36	42	48	54	÷ 6
0	7	14	21	28	35	42	49	56	63	÷ 7 ①
0	8	16	24	32	40	48	56	64	72	÷ 8
0	9	18	27	36	45	54	63	72	81	÷ 9
0	1	2	3	4	5	6	7	8	9	
答え ④										

✿ わり算表を見ながら、次(つぎ)のわり算をしましょう。

① 63÷7＝　　② 56÷7＝

③ 35÷7＝　　④ 48÷6＝

⑤ 45÷5＝　　⑥ 64÷8＝

月　日

わり算 (6)

名前

1 「3人で箱のあめを同じ数ずつ分けなさい。」といって、おじさんが3つの箱をくれました。1人分は何こになりますか。

アの箱

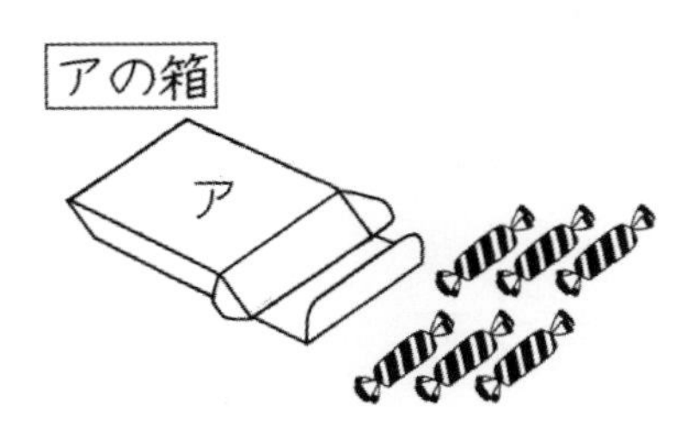

$6 \div 3 =$

答え ＿＿＿＿＿＿＿＿

イの箱

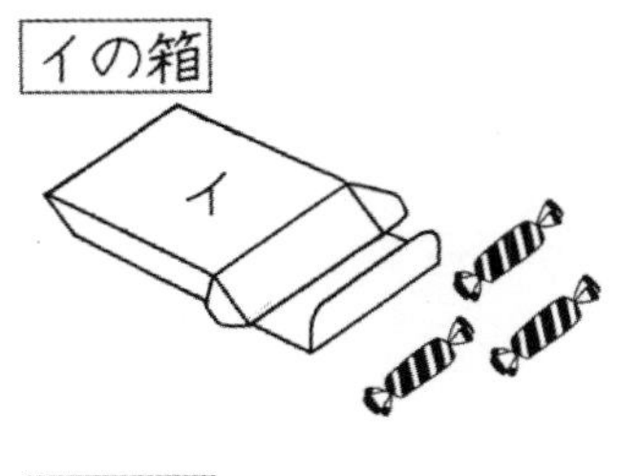

$3 \div 3 =$

答え ＿＿＿＿＿＿＿＿

ウの箱

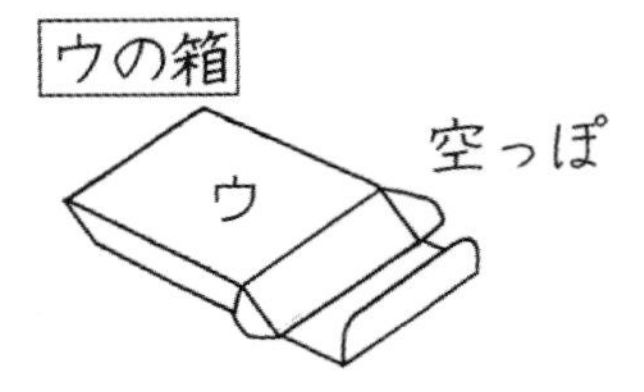

$0 \div 3 =$

答え ＿＿＿＿＿＿＿＿

2 2dLの牛にゅうを、1dLのコップに入れると、コップは何こいりますか。

式

答え ＿＿＿＿＿＿＿＿

3 わり算をしましょう。

① $0 \div 2 =$　② $0 \div 4 =$　③ $0 \div 6 =$

④ $0 \div 7 =$　⑤ $0 \div 9 =$　⑥ $3 \div 1 =$

⑦ $5 \div 1 =$　⑧ $6 \div 1 =$　⑨ $8 \div 1 =$

月　日

わり算 (7)

次(つぎ)の計算をしましょう。

① $6 \div 1 =$

② $4 \div 2 =$

③ $8 \div 4 =$

④ $20 \div 5 =$

⑤ $18 \div 2 =$

⑥ $9 \div 3 =$

⑦ $12 \div 6 =$

⑧ $24 \div 8 =$

⑨ $14 \div 7 =$

⑩ $9 \div 9 =$

⑪ $4 \div 1 =$

⑫ $8 \div 2 =$

⑬ $0 \div 7 =$

⑭ $4 \div 4 =$

⑮ $15 \div 5 =$

⑯ $21 \div 7 =$

⑰ $18 \div 9 =$

⑱ $32 \div 8 =$

⑲ $3 \div 3 =$

⑳ $0 \div 4 =$

㉑ $7 \div 1 =$

㉒ $2 \div 2 =$

㉓ $16 \div 4 =$

㉔ $18 \div 6 =$

㉕ $7 \div 7 =$

㉖ $1 \div 1 =$

㉗ $6 \div 3 =$

㉘ $5 \div 5 =$

㉙ $0 \div 6 =$

㉚ $16 \div 8 =$

月　日

わり算 (8)

名前

次の計算をしましょう。

① $12 \div 4 =$

② $0 \div 2 =$

③ $2 \div 1 =$

④ $6 \div 2 =$

⑤ $10 \div 5 =$

⑥ $3 \div 1 =$

⑦ $20 \div 4 =$

⑧ $0 \div 3 =$

⑨ $10 \div 2 =$

⑩ $42 \div 6 =$

⑪ $5 \div 1 =$

⑫ $45 \div 5 =$

⑬ $12 \div 2 =$

⑭ $24 \div 4 =$

⑮ $28 \div 7 =$

⑯ $6 \div 1 =$

⑰ $54 \div 9 =$

⑱ $28 \div 4 =$

⑲ $48 \div 6 =$

⑳ $0 \div 5 =$

㉑ $63 \div 9 =$

㉒ $40 \div 5 =$

㉓ $14 \div 2 =$

㉔ $72 \div 9 =$

㉕ $32 \div 4 =$

㉖ $54 \div 6 =$

㉗ $0 \div 8 =$

㉘ $35 \div 7 =$

㉙ $16 \div 2 =$

㉚ $8 \div 8 =$

わり算 (9)

名前

次(つぎ)の計算をしましょう。

① $81 \div 9 =$

② $6 \div 1 =$

③ $0 \div 9 =$

④ $42 \div 7 =$

⑤ $12 \div 3 =$

⑥ $40 \div 8 =$

⑦ $8 \div 1 =$

⑧ $27 \div 3 =$

⑨ $24 \div 6 =$

⑩ $15 \div 3 =$

⑪ $48 \div 8 =$

⑫ $30 \div 6 =$

⑬ $9 \div 1 =$

⑭ $49 \div 7 =$

⑮ $27 \div 9 =$

⑯ $18 \div 3 =$

⑰ $63 \div 7 =$

⑱ $30 \div 5 =$

⑲ $36 \div 6 =$

⑳ $21 \div 3 =$

㉑ $56 \div 8 =$

㉒ $36 \div 4 =$

㉓ $36 \div 9 =$

㉔ $25 \div 5 =$

㉕ $64 \div 8 =$

㉖ $24 \div 3 =$

㉗ $45 \div 9 =$

㉘ $56 \div 7 =$

㉙ $72 \div 8 =$

㉚ $35 \div 5 =$

わり算 ⑽

名前

次の計算をしましょう。

① $5 \div 1 =$　　② $25 \div 5 =$

③ $27 \div 3 =$　　④ $14 \div 2 =$

⑤ $56 \div 7 =$　　⑥ $30 \div 5 =$

⑦ $18 \div 9 =$　　⑧ $32 \div 8 =$

⑨ $36 \div 9 =$　　⑩ $0 \div 3 =$

⑪ $30 \div 6 =$　　⑫ $45 \div 5 =$

⑬ $18 \div 6 =$　　⑭ $63 \div 7 =$

⑮ $32 \div 8 =$　　⑯ $24 \div 3 =$

⑰ $36 \div 4 =$　　⑱ $40 \div 5 =$

⑲ $28 \div 4 =$　　⑳ $64 \div 8 =$

㉑ $45 \div 9 =$　　㉒ $8 \div 1 =$

㉓ $48 \div 6 =$　　㉔ $27 \div 9 =$

㉕ $42 \div 6 =$　　㉖ $40 \div 8 =$

㉗ $35 \div 5 =$　　㉘ $21 \div 7 =$

㉙ $72 \div 8 =$　　㉚ $49 \div 7 =$

わり算 まとめ (7)

月　　日

名前

1 次(つぎ)の計算をしましょう。　　（1つ4点）

① 4÷2＝　　② 8÷4＝

③ 20÷5＝　　④ 18÷2＝

⑤ 9÷3＝　　⑥ 24÷8＝

⑦ 14÷7＝　　⑧ 15÷5＝

⑨ 18÷9＝　　⑩ 32÷8＝

⑪ 21÷7＝　　⑫ 16÷4＝

⑬ 18÷6＝　　⑭ 16÷8＝

⑮ 81÷9＝　　⑯ 63÷7＝

⑰ 56÷8＝　　⑱ 49÷7＝

⑲ 42÷6＝　　⑳ 36÷6＝

2 40本のきくの花を5本ずつたばねます。　　（20点）
何たばできますか。

式(しき)

答え

点

わり算 まとめ (8)

月　日

名前

1 次の計算をしましょう。（1つ4点）

① 42÷7＝　　② 12÷3＝

③ 40÷8＝　　④ 27÷3＝

⑤ 24÷6＝　　⑥ 48÷8＝

⑦ 30÷6＝　　⑧ 49÷7＝

⑨ 27÷9＝　　⑩ 18÷3＝

⑪ 63÷7＝　　⑫ 56÷8＝

⑬ 36÷4＝　　⑭ 36÷9＝

⑮ 25÷5＝　　⑯ 64÷8＝

⑰ 24÷3＝　　⑱ 45÷9＝

⑲ 56÷7＝　　⑳ 72÷8＝

2 32人を、同じ人数の4つのグループに分けます。
1グループ何人ですか。（20点）

式

答え

点

月　日

大きい数 (1)

名前

サッカーのしあいを、たくさんの人が見に来ました。
1人を ▫ で表(あらわ)すと、図のようになります。

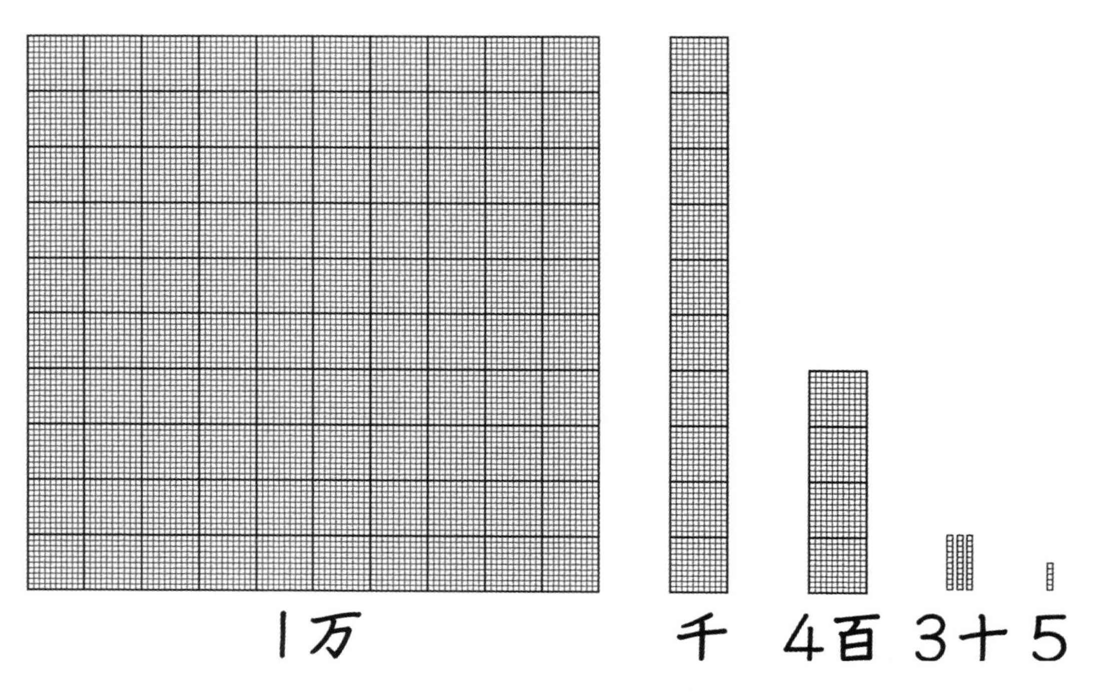

一万千四百三十五と読み、11435 とかきます
1万を 10 こ集(あつ)めた数を **十万** といいます。

✿ 読み方を漢字(かんじ)でかきましょう。

	十万のくらい	一万のくらい	千のくらい	百のくらい	十のくらい	一のくらい	読み方
①	6	2	3	6	4	5	六十二万三千六百四十五
②	5	7	7	7	0	3	
③	8	0	5	1	0	0	

月　日

名前

大きい数 (2)

十万を 10 こ集めた数を **百万** といいます。
百万を 10 こ集めた数を **千万** といいます。

1 次の数は、2020 年の小学生と中学生をあわせた数です。読み方を漢字でかきましょう。

百万のくらい	十万のくらい	一万のくらい	千のくらい	百のくらい	十のくらい	一のくらい	読み方
9	5	1	1	9	7	2	

2 次の数を表に入れて、読みましょう。

（2020 の国勢調査）

① 東京都の人口　14064000 人

② 神奈川県の人口　9240000 人

③ 大阪府の人口　8842000 人

千	百	十	一万	千	百	十	一

3 次の数を数字でかきましょう。

① 三千八百二十三**万**九千六百五十一								
② 八千六十七**万**二千九百四十								
③ 八百三**万**九千六百十七								
④ 七千八**万**五千四十六								

大きい数 (3)

月　日

名前

1 次(つぎ)の数を、右から4けた目に〰をひいてから、読みましょう。

① 8347〰9165（万）　② 8359671

③ 47309532　④ 37004020

⑤ 98043746　⑥ 80500708

2 次の数を（　）にかきましょう。

① 1000万を2こ、100万を5こ、10万を7こ、1万を6こあわせた数。

千万	百万	十万	一万	千	百	十	一
2	5	7	6				

（　　　　　　）

② 1000万を8こ、100万を4こ、1万を3こあわせた数。

（　　　　　　）

3 次の（　）に数を入れましょう。

① 820000は、1万を（　　　　）こ集(あつ)めた数。

8	2	0	0	0	0
	1	0	0	0	0

② 250000は、1万を（　　　　）こ集めた数。

③ 250000は、1000を（　　　　）こ集めた数。

月　　日

大きい数 (4)

名前

1 数直線で、①、②、③、④のめもりが表(あらわ)す数はいくらですか。

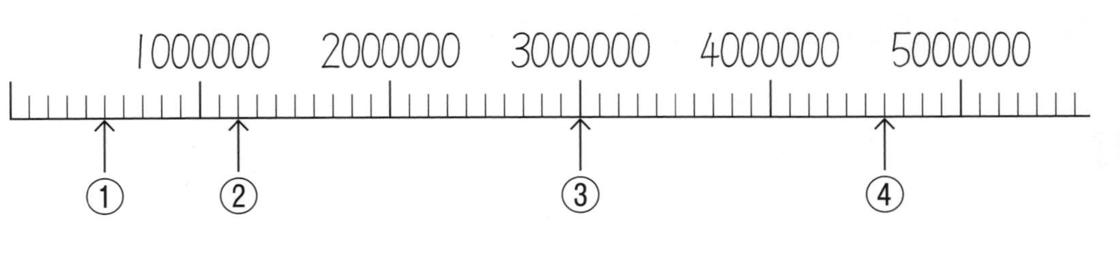

① ＿＿＿＿＿＿　② ＿＿＿＿＿＿

③ ＿＿＿＿＿＿　④ ＿＿＿＿＿＿

2 数直線に、⑤ 2100000、⑥ 3900000 を↑でかきましょう。

3 数直線で、一番小さいめもりはいくつを表していますか。

答え ＿＿＿＿＿＿

4 □にあてはまる数をかきましょう。

① 2100万　2200万　□　2400万　2500万

② 8100万　8200万　8300万　□　8500万

5 9999999 より1大きい数をかきましょう。

答え ＿＿＿＿＿＿

月　日

大きい数 (5)

名前

千万を10こ集(あつ)めた数は、1億(おく)です。
数字で100000000とかきます。(※0が8こつきます。)

1 日本の人口は、126226568人です。4けたごとに区切っているくらいのものさしをあてて読んでみましょう。

1	2	6	2	2	6	5	6	8
一	千	百	十	一	千	百	十	一
億				万				

(2020年国勢調査(こくせいちょうさ)より)

2 世界(せかい)の人口は、2011年に70億人をこえました。
表(ひょう)は、世界で人口が多い5つの国です。読んでみましょう。

	十	一	千	百	十	一	千	百	十	一
		億				万				
中国	1	4	4	1	8	6	0	0	0	0
インド	1	3	6	6	4	1	8	0	0	0
アメリカ		3	2	9	0	6	5	0	0	0
インドネシア		2	7	0	6	2	6	0	0	0
パキスタン		2	1	6	5	6	5	0	0	0

(2021年の人口　世界保健機関(せかいほけんきかん)(WHO)より)

大きい数 (6)

月　日

名前

1 25円の10倍(ばい)は、何円ですか。

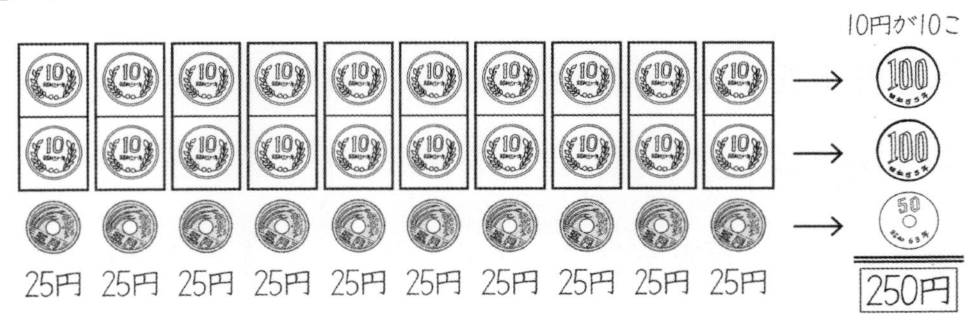

答え＿＿＿＿＿＿＿＿

		2	5
	2	5	0
2	5	0	0

10倍
10倍

10倍した数を10倍したら100倍になります。もとの数の右に0を2つつけます。

2 次(つぎ)の数を100倍した数をかきましょう。

① 237（　　　　　）　　② 450（　　　　　）

3 250円を10でわる $\left(\frac{1}{10}にする\right)$ と、何円になりますか。

答え＿＿＿＿＿＿＿＿

4 次の数を10でわった数をかきましょう。

① 350（　　　　　）　　② 400（　　　　　）

月　日

大きい数 まとめ (9)

名前

1 次(つぎ)の数を数字でかきましょう。 （1つ6点）

① 二百三十五万八千六百七十九 (　　　　)

② 三千百万二千一 (　　　　)

③ 千万を7こ、百万を2こ、十万を5こ、百を3こあわせた数 (　　　　)

④ 一万を 7200 こ集(あつ)めた数 (　　　　)

⑤ 一千万を 10 こ集めた数 (　　　　)

2 数直線で①～⑤のめもりが表(あらわ)す数をかきましょう。 （1つ6点）

0　10000　20000

①　②　③　④　⑤

① ______　② ______　③ ______

④ ______　⑤ ______

3 □にあてはまる数をかきましょう。 （1つ5点）

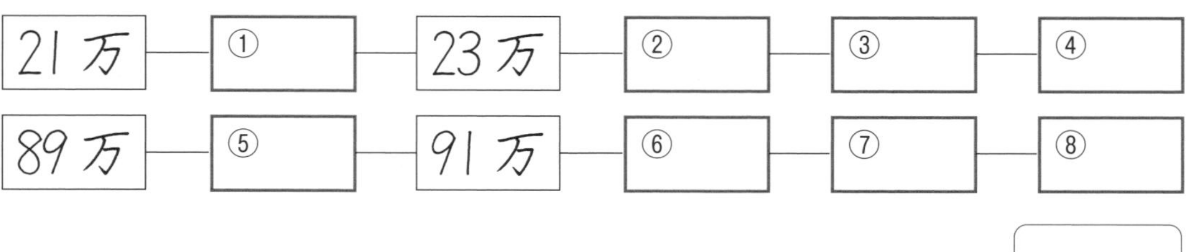

点

大きい数 まとめ ⑽

月　　日

名前

1 次の計算をしましょう。（1つ7点）

① $253 \times 10 =$

② $471 \times 100 =$

③ $635 \times 1000 =$

④ $670 \div 10 =$

⑤ $5700 \div 100 =$

⑥ $81000 \div 1000 =$

⑦ 53万＋36万＝

⑧ 43万＋29万＝

⑨ 75万－12万＝

⑩ 60万－43万＝

2 □に等号（＝）か不等号（＜、＞）をかきましょう。（1つ5点）

① 33756 □ 33356

② 42638 □ 43638

③ 59081 □ 5968

④ 7281 □ 72801

⑤ 56万 □ 60万－4万

⑥ 13万＋12万 □ 20万

点

月　日

あまりのあるわり算 (1)

名前

いちごが１４こあります。４人で同じ数ずつ分けることにしました。１人分は何こで、何こあまりますか。

① 計算の式(しき)をかきましょう。

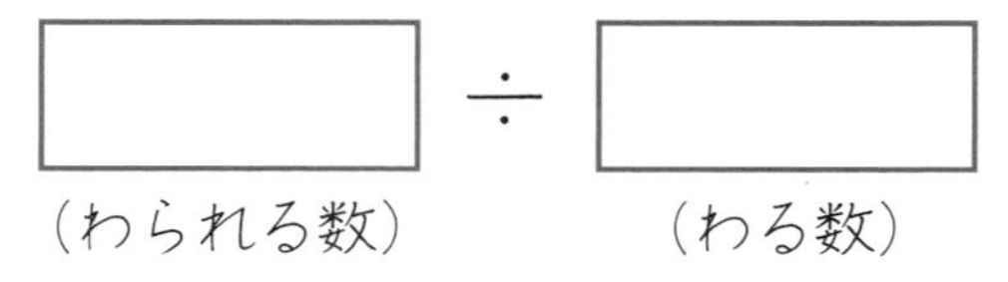

（わられる数）÷（わる数）

② １皿(さら)に１こずつおきました。

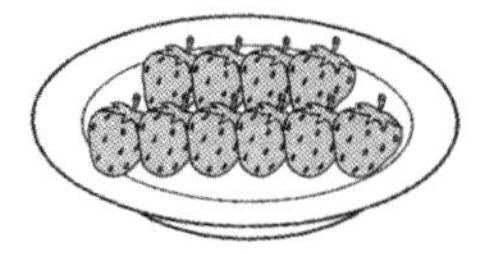

③ まだ分けられます。もう１こずつおきました。

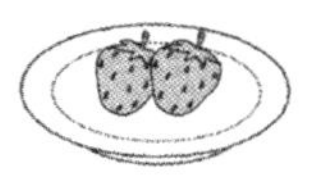
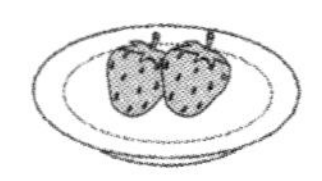

④ まだ分けられます。もう１こずつおきました。

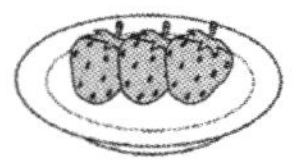
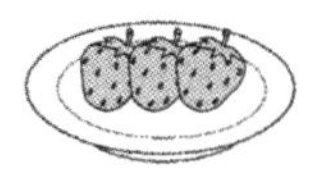
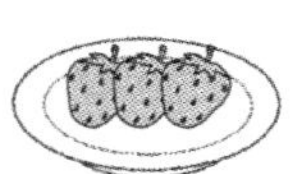

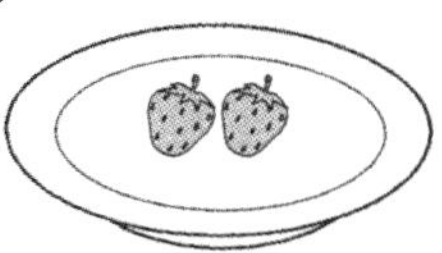

⑤ １人に３こずつ分けると、のこりが２こなので、もう４人に同じ数ずつ分けることができません。

このことを、次のようにかきます。

１４÷４＝３あまり２

答え

わり算であまりがあるときは「**わり切れない**」といい、あまりがないときは「**わり切れる**」といいます。

月　日

あまりのあるわり算 (2)

名前

1 あまりについて考えましょう。

12 ÷ 4 ＝3
13 ÷ 4 ＝3あまり1
14 ÷ 4 ＝3あまり**2**
15 ÷ 4 ＝3あまり**3**
16 ÷ 4 ＝4
17 ÷ 4 ＝4あまり1

わられる数　わる数

① わられる数を1つずつふやすと、あまりはいくつずつふえていますか。（　　　）

② 4でわるとき、あまりで一番大きい数はいくつですか。（　　　）

あまりは、わる数より小さくなります。

2 答えが正しいときは○、まちがっているときは、正しい答えを（　）の中にかきましょう。

① 17÷3＝5あまり2
（　　　）

② 9÷2＝3あまり3
（　　　）

③ 23÷5＝3あまり8
（　　　）

④ 25÷6＝3あまり7
（　　　）

3 50このみかんを7人に同じ数ずつ分けると、1人分何こで、何こあまりますか。

式

答え ＿＿＿＿＿＿＿＿

月　日

あまりのあるわり算 (3)

名前

次(つぎ)の計算をしましょう。「…」は「あまり」を表(あらわ)す。

① 29÷3＝　…

② 13÷2＝　…

③ 38÷5＝　…

④ 56÷6＝　…

⑤ 26÷3＝　…

⑥ 45÷6＝　…

⑦ 19÷2＝　…

⑧ 25÷7＝　…

⑨ 19÷3＝　…

⑩ 41÷5＝　…

⑪ 38÷4＝　…

⑫ 29÷7＝　…

⑬ 49÷5＝　…

⑭ 13÷6＝　…

⑮ 27÷4＝　…

⑯ 9÷6＝　…

⑰ 48÷7＝　…

⑱ 13÷3＝　…

⑲ 42÷5＝　…

⑳ 17÷2＝　…

㉑ 26÷4＝　…

㉒ 79÷8＝　…

㉓ 67÷7＝　…

㉔ 19÷8＝　…

㉕ 49÷9＝　…

あまりのあるわり算 (4)

名前

次の計算をしましょう。

① $59 \div 8 =$ …
② $8 \div 3 =$ …
③ $27 \div 7 =$ …
④ $23 \div 3 =$ …
⑤ $68 \div 8 =$ …
⑥ $36 \div 5 =$ …
⑦ $22 \div 3 =$ …
⑧ $15 \div 2 =$ …
⑨ $25 \div 4 =$ …
⑩ $59 \div 7 =$ …
⑪ $23 \div 4 =$ …
⑫ $46 \div 6 =$ …
⑬ $37 \div 5 =$ …
⑭ $11 \div 2 =$ …
⑮ $28 \div 3 =$ …
⑯ $26 \div 7 =$ …
⑰ $58 \div 8 =$ …
⑱ $26 \div 5 =$ …
⑲ $21 \div 4 =$ …
⑳ $48 \div 9 =$ …
㉑ $18 \div 8 =$ …
㉒ $57 \div 7 =$ …
㉓ $78 \div 8 =$ …
㉔ $29 \div 4 =$ …
㉕ $48 \div 5 =$ …

あまりのあるわり算 (5)

名前

次(つぎ)の計算をしましょう。

① 47÷9＝　　…　　② 17÷8＝　　…

③ 14÷5＝　　…　　④ 58÷7＝　　…

⑤ 7÷3＝　　…　　⑥ 28÷8＝　　…

⑦ 56÷9＝　　…　　⑧ 19÷4＝　　…

⑨ 69÷7＝　　…　　⑩ 57÷8＝　　…

⑪ 13÷5＝　　…　　⑫ 45÷7＝　　…

⑬ 9÷5＝　　…　　⑭ 14÷6＝　　…

⑮ 33÷4＝　　…　　⑯ 47÷5＝　　…

⑰ 37÷6＝　　…　　⑱ 46÷8＝　　…

⑲ 69÷9＝　　…　　⑳ 26÷6＝　　…

㉑ 37÷4＝　　…　　㉒ 43÷5＝　　…

㉓ 18÷4＝　　…　　㉔ 7÷2＝　　…

㉕ 34÷4＝　　…

あまりのあるわり算 (6)

名前

次の計算をしましょう。

① $66 \div 7 =$ …

② $5 \div 3 =$ …

③ $44 \div 6 =$ …

④ $83 \div 9 =$ …

⑤ $5 \div 2 =$ …

⑥ $34 \div 8 =$ …

⑦ $32 \div 5 =$ …

⑧ $74 \div 9 =$ …

⑨ $27 \div 6 =$ …

⑩ $65 \div 9 =$ …

⑪ $27 \div 8 =$ …

⑫ $38 \div 9 =$ …

⑬ $46 \div 7 =$ …

⑭ $33 \div 6 =$ …

⑮ $65 \div 8 =$ …

⑯ $28 \div 6 =$ …

⑰ $43 \div 7 =$ …

⑱ $17 \div 6 =$ …

⑲ $9 \div 7 =$ …

⑳ $73 \div 8 =$ …

㉑ $44 \div 7 =$ …

㉒ $49 \div 8 =$ …

㉓ $16 \div 6 =$ …

㉔ $39 \div 7 =$ …

㉕ $31 \div 5 =$ …

あまりのあるわり算 (7)

名前

1 □に数を入れて、答えがあっているかをたしかめましょう。

㋐ 16 ÷ 3 ＝ 5 … 1

わられる数　わる数　答え　あまり

㋐と㋑が同じなら答えはあっています。

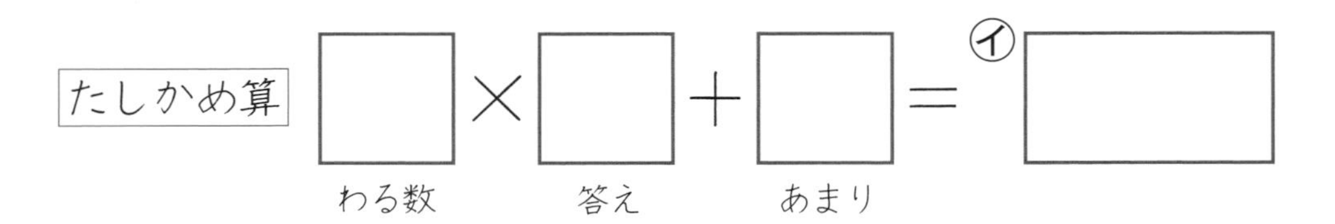

2 次の計算をして、答えをたしかめましょう。

① 13÷2＝

たしかめ算

□×□＋□＝□

② 26÷4＝

たしかめ算

□×□＋□＝□

3 みかんが65こあります。7こずつあみのふくろに入れて売ります。何ふくろできますか。

式

答え

4 3年1組は26人です。体育館で3人ずつ長いすにすわります。長いすは何きゃくいりますか。

式

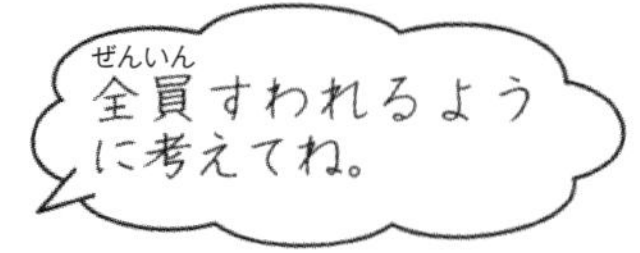

答え

あまりのあるわり算 (8)

名前

次の計算をしましょう。

① $23 \div 6 =$ …	② $13 \div 7 =$ …
③ $15 \div 9 =$ …	④ $20 \div 7 =$ …
⑤ $40 \div 6 =$ …	⑥ $15 \div 8 =$ …
⑦ $16 \div 9 =$ …	⑧ $41 \div 6 =$ …
⑨ $17 \div 9 =$ …	⑩ $30 \div 7 =$ …
⑪ $20 \div 9 =$ …	⑫ $32 \div 7 =$ …
⑬ $21 \div 9 =$ …	⑭ $50 \div 6 =$ …
⑮ $22 \div 9 =$ …	⑯ $20 \div 8 =$ …
⑰ $33 \div 7 =$ …	⑱ $23 \div 9 =$ …
⑲ $51 \div 6 =$ …	⑳ $21 \div 8 =$ …
㉑ $24 \div 9 =$ …	㉒ $52 \div 6 =$ …
㉓ $25 \div 9 =$ …	㉔ $31 \div 7 =$ …
㉕ $26 \div 9 =$ …	

あまりのあるわり算 (9)

名前

次(つぎ)の計算をしましょう。

① 30÷9＝　　…	② 53÷6＝　　…
③ 31÷9＝　　…	④ 22÷8＝　　…
⑤ 34÷7＝　　…	⑥ 32÷9＝　　…
⑦ 23÷8＝　　…	⑧ 40÷7＝　　…
⑨ 33÷9＝　　…	⑩ 30÷8＝　　…
⑪ 34÷9＝　　…	⑫ 31÷8＝　　…
⑬ 35÷9＝　　…	⑭ 50÷8＝　　…
⑮ 40÷9＝　　…	⑯ 31÷7＝　　…
⑰ 41÷9＝　　…	⑱ 51÷8＝　　…
⑲ 50÷7＝　　…	⑳ 42÷9＝　　…
㉑ 52÷8＝　　…	㉒ 62÷7＝　　…
㉓ 43÷9＝　　…	㉔ 53÷8＝　　…
㉕ 44÷9＝　　…	

あまりのあるわり算 ⑽

名前

次の計算をしましょう。

① $51 \div 7 =$ …

② $50 \div 9 =$ …

③ $54 \div 8 =$ …

④ $51 \div 9 =$ …

⑤ $52 \div 7 =$ …

⑥ $52 \div 9 =$ …

⑦ $55 \div 8 =$ …

⑧ $53 \div 9 =$ …

⑨ $60 \div 8 =$ …

⑩ $53 \div 7 =$ …

⑪ $60 \div 9 =$ …

⑫ $61 \div 8 =$ …

⑬ $61 \div 9 =$ …

⑭ $71 \div 8 =$ …

⑮ $54 \div 7 =$ …

⑯ $62 \div 9 =$ …

⑰ $62 \div 8 =$ …

⑱ $70 \div 9 =$ …

⑲ $55 \div 7 =$ …

⑳ $71 \div 9 =$ …

㉑ $63 \div 8 =$ …

㉒ $60 \div 7 =$ …

㉓ $80 \div 9 =$ …

㉔ $70 \div 8 =$ …

㉕ $61 \div 7 =$ …

月　　日

あまりのあるわり算 (11)

名前

次(つぎ)の計算をしましょう。

① 30÷9＝　　…　　② 53÷6＝　　…

③ 31÷9＝　　…　　④ 22÷8＝　　…

⑤ 34÷7＝　　…　　⑥ 32÷9＝　　…

⑦ 23÷8＝　　…　　⑧ 40÷7＝　　…

⑨ 33÷9＝　　…　　⑩ 30÷8＝　　…

⑪ 34÷9＝　　…　　⑫ 31÷8＝　　…

⑬ 35÷9＝　　…　　⑭ 50÷8＝　　…

⑮ 40÷9＝　　…　　⑯ 31÷7＝　　…

⑰ 41÷9＝　　…　　⑱ 51÷8＝　　…

⑲ 50÷7＝　　…　　⑳ 42÷9＝　　…

㉑ 52÷8＝　　…　　㉒ 62÷7＝　　…

㉓ 43÷9＝　　…　　㉔ 53÷8＝　　…

㉕ 44÷9＝　　…

あまりのあるわり算 ⑿

月　日

名前

次の計算をしましょう。

① 51÷7＝　…　② 50÷9＝　…

③ 54÷8＝　…　④ 51÷9＝　…

⑤ 52÷7＝　…　⑥ 52÷9＝　…

⑦ 55÷8＝　…　⑧ 53÷9＝　…

⑨ 60÷8＝　…　⑩ 53÷7＝　…

⑪ 60÷9＝　…　⑫ 61÷8＝　…

⑬ 61÷9＝　…　⑭ 71÷8＝　…

⑮ 54÷7＝　…　⑯ 62÷9＝　…

⑰ 62÷8＝　…　⑱ 70÷9＝　…

⑲ 55÷7＝　…　⑳ 71÷9＝　…

㉑ 63÷8＝　…　㉒ 60÷7＝　…

㉓ 80÷9＝　…　㉔ 70÷8＝　…

㉕ 61÷7＝　…

月　　日

あまりのあるわり算 まとめ (11)

名前

1 次(つぎ)の計算をしましょう。　（1つ4点）

① $36 \div 5 =$　　② $28 \div 3 =$

③ $19 \div 9 =$　　④ $32 \div 6 =$

⑤ $21 \div 5 =$　　⑥ $23 \div 3 =$

⑦ $45 \div 7 =$　　⑧ $14 \div 6 =$

⑨ $33 \div 4 =$　　⑩ $47 \div 5 =$

⑪ $26 \div 9 =$　　⑫ $30 \div 8 =$

⑬ $33 \div 7 =$　　⑭ $15 \div 9 =$

⑮ $50 \div 7 =$　　⑯ $22 \div 9 =$

⑰ $31 \div 7 =$　　⑱ $52 \div 8 =$

⑲ $62 \div 9 =$　　⑳ $50 \div 6 =$

2 りんごが25こあります。3こずつパックにつめて売ります。何パックできますか。　（20点）

式(しき)

答え

点

月　日

あまりのあるわり算 まとめ ⑿

名前

1 次の計算をしましょう。（1つ4点）

① $41 \div 8 =$　② $69 \div 9 =$

③ $39 \div 6 =$　④ $83 \div 9 =$

⑤ $19 \div 2 =$　⑥ $25 \div 3 =$

⑦ $17 \div 4 =$　⑧ $64 \div 7 =$

⑨ $66 \div 8 =$　⑩ $25 \div 4 =$

⑪ $40 \div 7 =$　⑫ $71 \div 8 =$

⑬ $12 \div 7 =$　⑭ $41 \div 9 =$

⑮ $20 \div 8 =$　⑯ $12 \div 9 =$

⑰ $52 \div 7 =$　⑱ $50 \div 9 =$

⑲ $11 \div 6 =$　⑳ $22 \div 8 =$

2 ボールが24こあります。1だんにボールが5つならぶボールだながあります。ボールを全部（ぜんぶ）たなに入れるには、たなは、何だんいりますか。（20点）

式

答え

点

かけ算（× 2けた） (1)

名前

24×12の筆算（ひっさん）のしかたを、考えましょう。

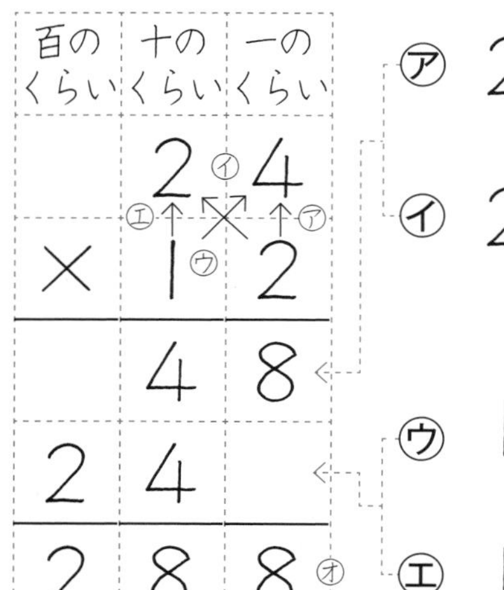

㋐ 2×4＝ 8

㋑ 2×2＝ 4

㋒ 1×4＝ 4

㋓ 1×2＝2

※ ㋒㋓の1×は十のくらい。10×24

㋔ それぞれのくらいの数をたてにたします。

次（つぎ）の計算をしましょう。

①

	3	3
×	2	3

②

	1	2
×	4	3

③

	2	1
×	3	4

かけ算（× 2けた） ⑵

名前

次の計算をしましょう。

①

	3	2
×	3	1

②

	4	3
×	2	1

③

	2	3
×	3	2

④

	3	4
×	1	5

⑤

	6	5
×	1	3

⑥

	4	7
×	1	6

⑦

	3	3
×	2	4

⑧

	5	4
×	1	5

⑨

	3	4
×	2	4

かけ算（× 2けた）⑶

名前

43×36の筆算（ひっさん）のしかたを、考えましょう。

千のくらい	百のくらい	十のくらい	一のくらい
		4	3
	×	3	6
	2	5[1]	8
1	2	9	
1	5	4	8

㋐ 6×3＝18

㋑ 6×4＝24　※2は百のくらい

㋒ 3×3＝9　※9は十のくらい

㋓ 3×4＝12　※1は千のくらい

㋔ それぞれのくらいの数をたします。

🌸 次（つぎ）の計算をしましょう。

①

		7	3
	×	3	8

②

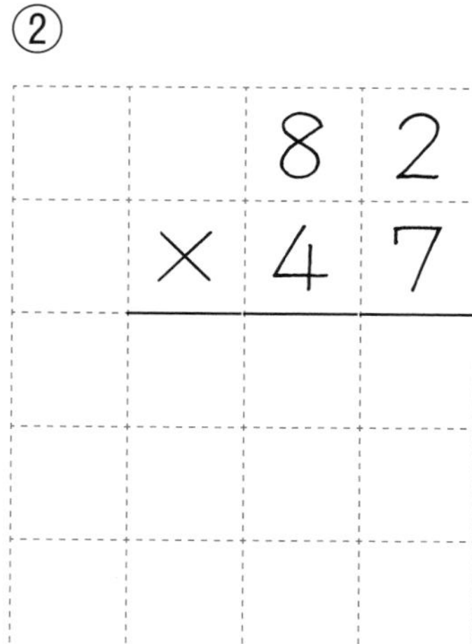

		8	2
	×	4	7

③

		6	4
	×	2	7

月　日　名前

かけ算（× 2けた）⑷

46×38 の筆算のしかたを、考えましょう。

千のくらい	百のくらい	十のくらい	一のくらい
		4	6
	×	3	8
	3	6[4]	8
1	3[1]	8	
1	7	4	8

㋐ 8×6＝48

㋑ 8×4＝32　※3は百のくらい

㋒ 3×6＝18　※1は百のくらいに小さく

㋓ 3×4＝12　※㋒のくり上がりをたす

㋔ それぞれのくらいの数をたします。

次の計算をしましょう。

①

		6	9
	×	4	7

②

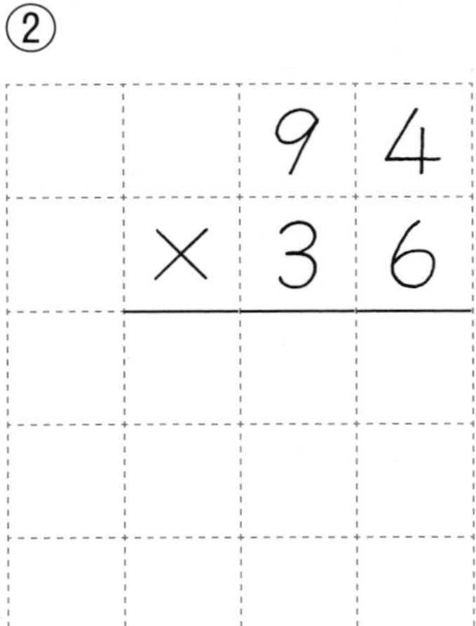

③

		4	8
	×	5	4

かけ算（× 2けた） (5)

月　日

名前

次(つぎ)の計算をしましょう。

① 63×39

② 54×25

③ 28×53

④ 85×79

⑤ 76×95

⑥ 65×93

⑦ 42×78

⑧ 67×48

⑨ 52×57

かけ算（× 2けた）⑹

月　日

名前

次の計算をしましょう。

①
$$\begin{array}{r} 77 \\ \times\ 86 \\ \hline \end{array}$$

②
$$\begin{array}{r} 66 \\ \times\ 38 \\ \hline \end{array}$$

③
$$\begin{array}{r} 26 \\ \times\ 47 \\ \hline \end{array}$$

④
$$\begin{array}{r} 16 \\ \times\ 87 \\ \hline \end{array}$$

⑤
$$\begin{array}{r} 37 \\ \times\ 36 \\ \hline \end{array}$$

⑥
$$\begin{array}{r} 75 \\ \times\ 89 \\ \hline \end{array}$$

⑦
$$\begin{array}{r} 68 \\ \times\ 35 \\ \hline \end{array}$$

⑧
$$\begin{array}{r} 73 \\ \times\ 46 \\ \hline \end{array}$$

⑨
$$\begin{array}{r} 34 \\ \times\ 98 \\ \hline \end{array}$$

かけ算（× 2けた）(7)

名前

36×40 をくふうして計算しましょう。

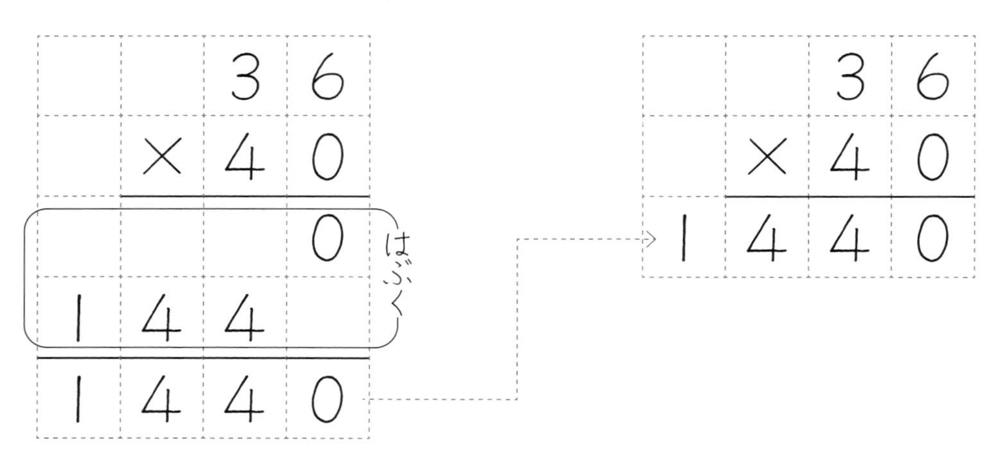

次(つぎ)の計算をしましょう。

①

		3	2
	×	3	0

②

		4	2
	×	2	0

③

		7	6
	×	9	0

④

		5	8
	×	7	0

⑤

		2	3
	×	2	0

⑥

		4	9
	×	6	0

⑦

		3	5
	×	9	0

⑧

		7	1
	×	8	0

⑨

		5	6
	×	7	0

月　日

かけ算（× 2けた）(8)

名前

232×21 の筆算（ひっさん）のしかたを考えましょう。

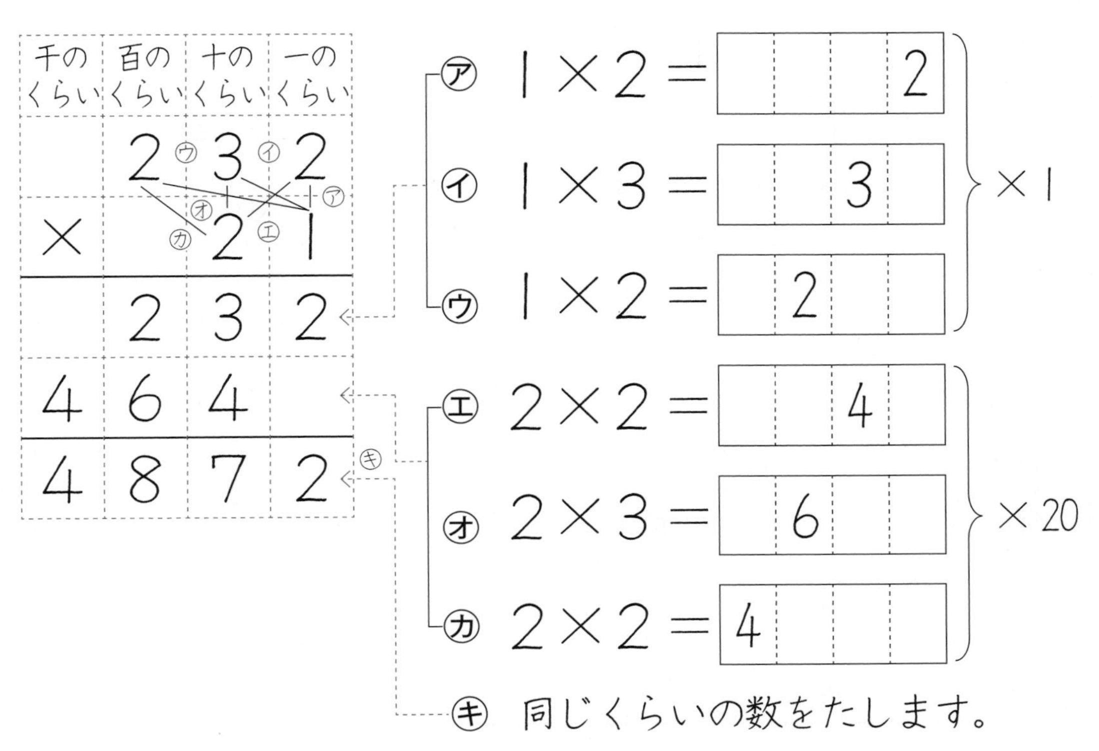

次の計算をしましょう。

①

	2	2	0
×		4	3

②

	3	1	2
×		2	3

③

	2	3	3
×		2	1

かけ算（× 2けた） (9)

月　日

名前

次の計算をしましょう。

①

	3	1	4
×		2	3

②

	3	1	6
×		1	3

③

	4	2	5
×		1	2

④

	2	0	7
×		4	1

⑤

	2	1	8
×		3	4

⑥

	3	8	4
×		2	2

⑦

	1	7	2
×		4	3

⑧

	2	8	5
×		3	1

⑨

	3	9	8
×		2	1

月　日

かけ算（× 2 けた）⑽

名前

次の計算をしましょう。

①

	3	4	2
×		2	6

②

		4	3	3
	×		5	2

③

		3	7	2
	×		4	3

④

	2	8	3
×		2	4

⑤

		5	5	9
	×		2	8

⑥

		7	4	5
	×		6	5

⑦

	2	8	7
×		3	4

⑧

		4	9	3
	×		8	7

⑨

		9	2	3
	×		8	9

かけ算（× 2けた）まとめ ⒀

月　日

名前

1 次の計算をしましょう。（1つ14点）

①
$$\begin{array}{r} 76 \\ \times\ 87 \\ \hline \end{array}$$

②
$$\begin{array}{r} 68 \\ \times\ 36 \\ \hline \end{array}$$

③
$$\begin{array}{r} 62 \\ \times\ 47 \\ \hline \end{array}$$

④
$$\begin{array}{r} 73 \\ \times\ 34 \\ \hline \end{array}$$

⑤
$$\begin{array}{r} 43 \\ \times\ 48 \\ \hline \end{array}$$

⑥
$$\begin{array}{r} 35 \\ \times\ 89 \\ \hline \end{array}$$

2 ビー玉28こずつ入れたふくろが48こあります。
ビー玉は全部で何こですか。（16点）

式

答え

点

かけ算（× 2けた）まとめ ⒁

名前　　　　月　　日

1　次の計算をしましょう。　　（1つ 14 点）

① 805×96

② 637×58

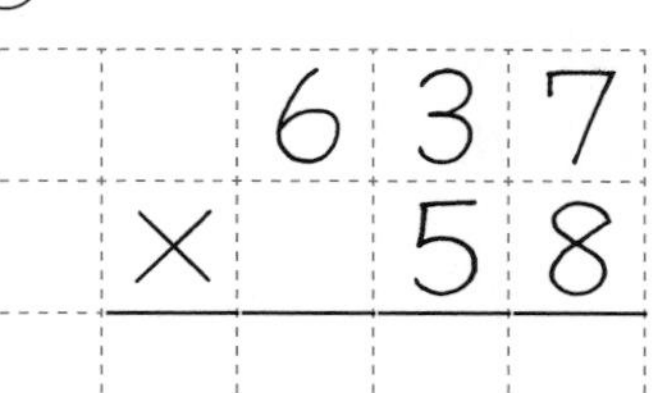

③ 348×47

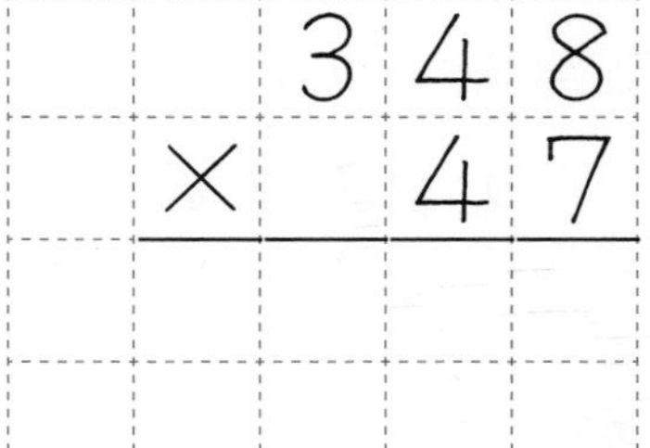

④ 724×86

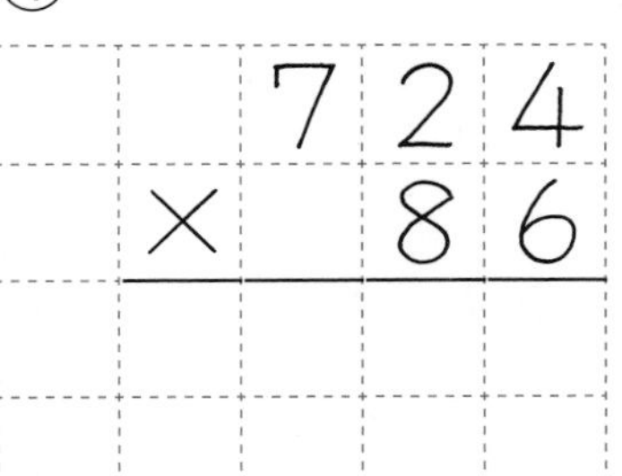

⑤ 648×64

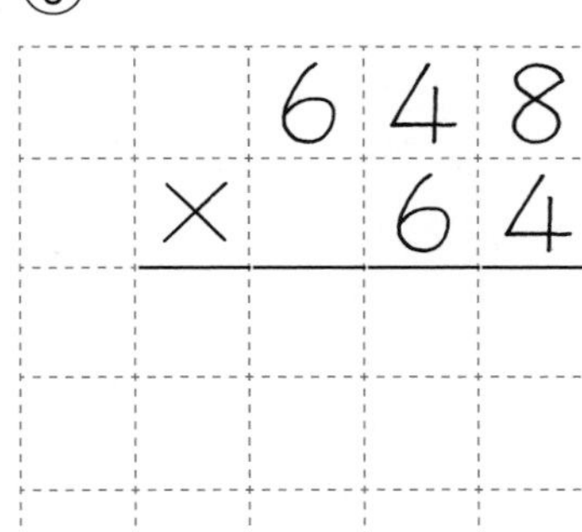

⑥ 483×75

2　1箱（はこ）450円のチョコレートを38こ買いました。
代金（だいきん）は何円になりますか。　　（16 点）

式

答え

点

小　数 (1)

名前

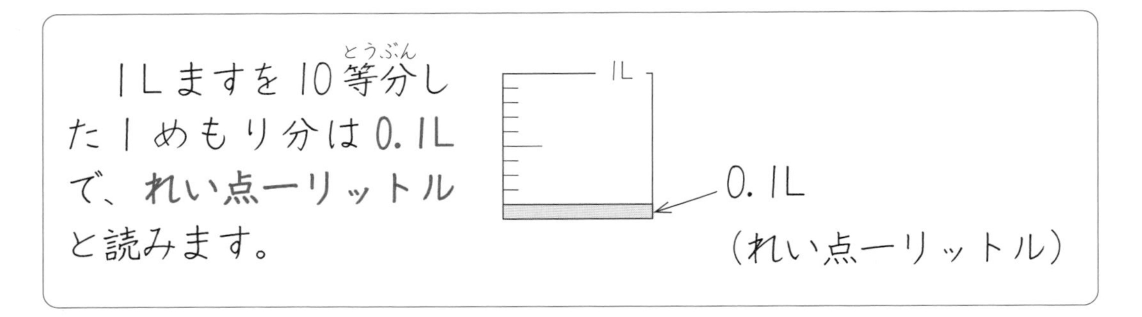

１Ｌますを10等分(とうぶん)した１めもり分は0.1Ｌで、**れい点一リットル**と読みます。

1 何Ｌですか。

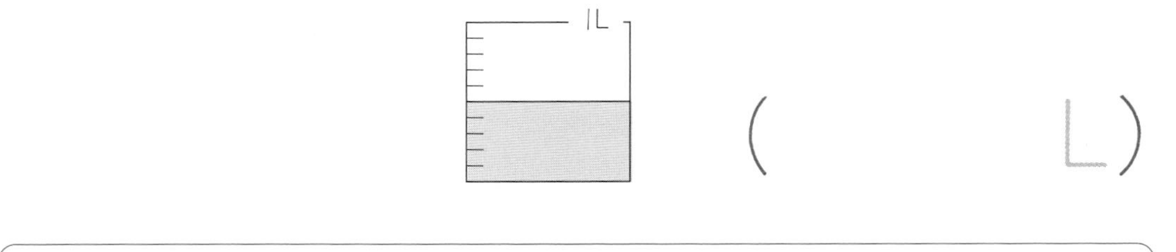

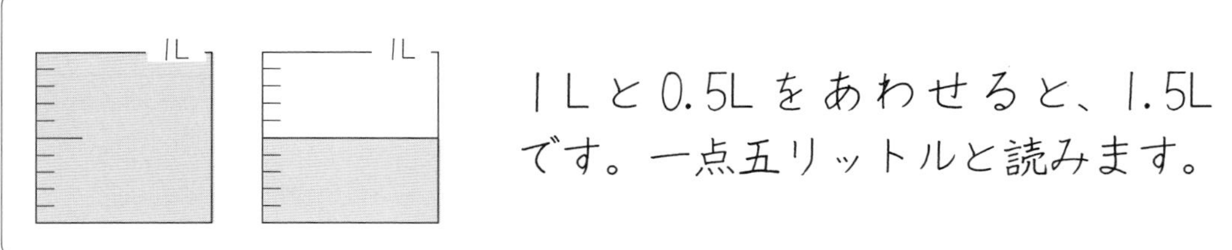

１Ｌと0.5Ｌをあわせると、1.5Ｌです。一点五リットルと読みます。

2 何Ｌですか。

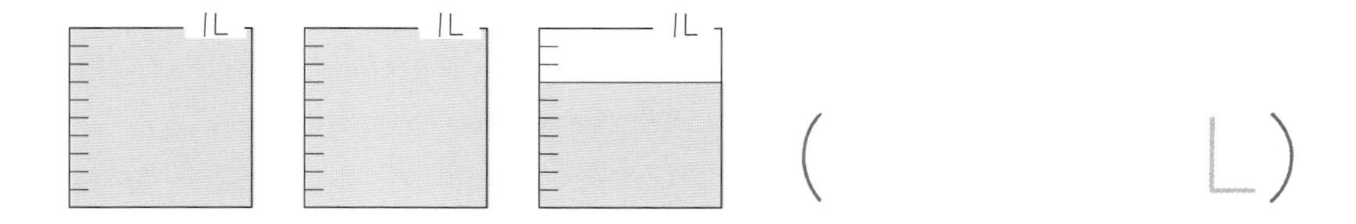

3 次のかさだけ色をぬりましょう。

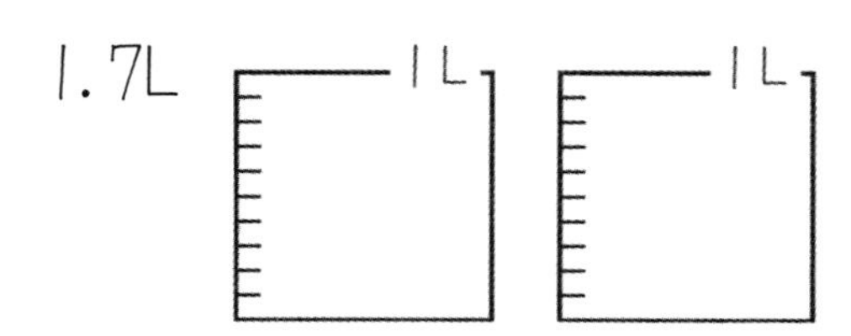

小　数 (2)

名前

0.1、0.5、1.5などを **小数** といいます。

数の間の「.」を **小数点** といいます。小数点の右のくらいを **小数第一位**（しょうすうだいいちい）といいます。**$\frac{1}{10}$のくらい** ともいいます。

0、1、2、3などの数を **整数** といいます。

一のくらい	小数第一位
0.	1
1.	5

1 次の数をかきましょう。

① 0.1を4こ集（あつ）めた数。

答え ＿＿＿＿＿＿

② 0.1を7こ集めた数。

答え ＿＿＿＿＿＿

③ 0.1を9こ集めた数。

答え ＿＿＿＿＿＿

2 次の数をかきましょう。

① 1と0.4をあわせた数。

答え ＿＿＿＿＿＿

② 1と0.7をあわせた数。

答え ＿＿＿＿＿＿

③ 2と0.1をあわせた数。

答え ＿＿＿＿＿＿

小　数 (3)

名前

1 数直線で、↑が指(さ)しているる小数をかきましょう。

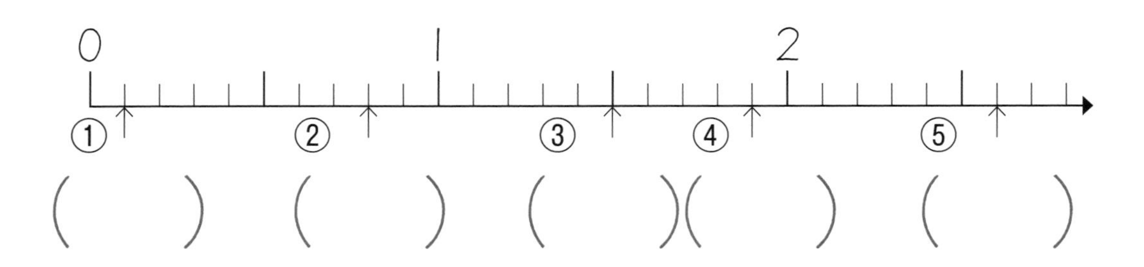

①（　　）②（　　）③（　　）④（　　）⑤（　　）

2 次(つぎ)の小数を、数直線に↑でかきましょう。

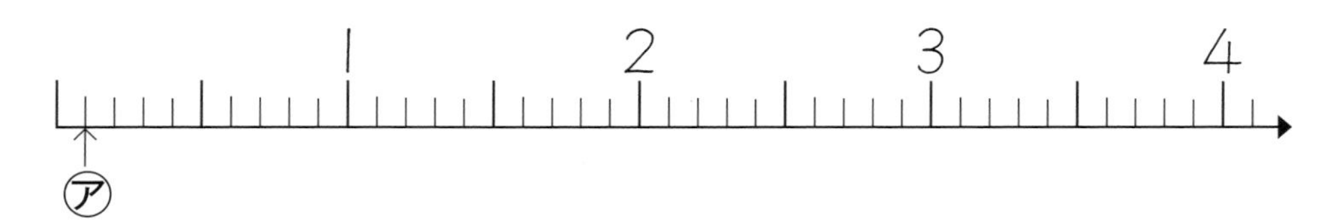

㋐ 0.1　㋑ 0.7　㋒ 1.8　㋓ 2.2　㋔ 3.9

3 □にあてはまる不等号(ふとうごう)をかきましょう。

① 0.2 □ 2　　② 1.3 □ 3.1

③ 45 □ 4.5　　④ 0.7 □ 1.7

⑤ 4.2 □ 24　　⑥ 3 □ 3.8

月　　日

小　数 (4)

名前

1　次の数をかきましょう。

① 1と、0.1を8こあわせた数。　答え

② 2と、0.1を4こあわせた数。　答え

③ 3と、0.1を2こあわせた数。　答え

④ 4と、0.1を5こあわせた数。　答え

2　次の数をかきましょう。

① 0.1を、18こ集(あつ)めた数。　答え

② 0.1を、25こ集めた数。　答え

③ 0.1を、31こ集めた数。　答え

④ 0.1を、47こ集めた数。　答え

3　次の□にあてはまる数をかきましょう。

① 0.8は、0.1が□こ集まった数。

② 1.3は、0.1が□こ集まった数。

③ 2.6は、0.1が□こ集まった数。

④ 3.4は、1が□こと、0.1が□こ集まった数。

⑤ 5.9は、1が□こと、0.1が□こ集まった数。

月　日

小　数 (5)

名前

1.2＋0.7 を考えましょう。

	1	.2
＋	0	.7
	1	.9

㋐　くらいをたてにそろえてかきます。
㋑　小数第一位から計算します。
㋒　答えに小数点をうちます。

 次の計算をしましょう。

①

	2	.1
＋	0	.5

②

	0	.6
＋	3	.3

③

	0	.8
＋	6	.1

④

	0	.7
＋	4	.1

⑤

	5	.6
＋	3	.9

⑥

	4	.8
＋	2	.6

⑦

	1	.7
＋	7	.5

⑧

	6	.7
＋	2	.4

⑨

	3	.8
＋	8	.2
1	2	.0

⑩

	6	.3
＋	7	.7

⑪

	9	.4
＋	9	.6

⑫

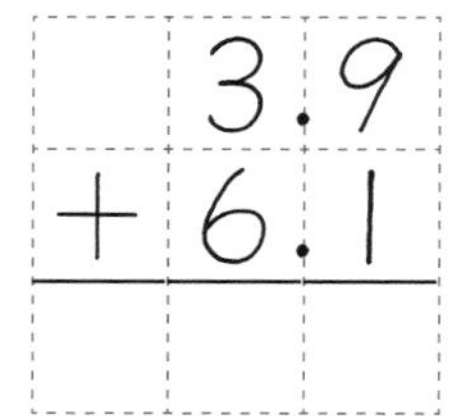

	3	.9
＋	6	.1

小　数 (6)

月　　日

1.8－0.7 を考えましょう。

$$\begin{array}{r} 1.8 \\ -\ 0.7 \\ \hline 1.1 \end{array}$$

㋐　くらいをたてにそろえてかきます。
㋑　小数第一位から計算します。
㋒　答えに小数点をうちます。

次の計算をしましょう。

① $\begin{array}{r} 8.9 \\ -\ 5.6 \\ \hline \end{array}$

② $\begin{array}{r} 4.9 \\ -\ 2.8 \\ \hline \end{array}$

③ $\begin{array}{r} 3.8 \\ -\ 2.5 \\ \hline \end{array}$

④ $\begin{array}{r} 5.6 \\ -\ 3.2 \\ \hline \end{array}$

⑤ $\begin{array}{r} 8.3 \\ -\ 4.6 \\ \hline \end{array}$

⑥ $\begin{array}{r} 9.5 \\ -\ 3.9 \\ \hline \end{array}$

⑦ $\begin{array}{r} 7.4 \\ -\ 4.8 \\ \hline \end{array}$

⑧ $\begin{array}{r} 9.2 \\ -\ 1.7 \\ \hline \end{array}$

⑨ $\begin{array}{r} 5.2 \\ -\ 2.2 \\ \hline 3.0 \end{array}$

⑩ $\begin{array}{r} 9.3 \\ -\ 4.3 \\ \hline \end{array}$

⑪ $\begin{array}{r} 9.5 \\ -\ 5.5 \\ \hline \end{array}$

⑫ $\begin{array}{r} 6.4 \\ -\ 3.4 \\ \hline \end{array}$

月　日

小数 まとめ ⒂

名前

1 次の数をかきましょう。 （1つ5点）

① 0.1を7こ集めた数。 （　　　）

② 0.1を23こ集めた数。 （　　　）

③ 2と0.5をあわせた数。 （　　　）

④ 3と0.1を4こあわせた数。 （　　　）

2 □にあてはまる数をかきましょう。 （□1つ5点）

① 0.9は、0.1が□こ集まった数。

② 1.8は、0.1が□こ集まった数。

③ 4.2は、1が□こと、0.1が□こ集まった数。

3 次の計算をしましょう。 （1つ10点）

①
$$\begin{array}{r} 3.5 \\ +\ 4.7 \\ \hline \end{array}$$

②
$$\begin{array}{r} 6.6 \\ +\ 3.4 \\ \hline \end{array}$$

③
$$\begin{array}{r} 5.8 \\ -\ 3.9 \\ \hline \end{array}$$

④
$$\begin{array}{r} 3.2 \\ -\ 2.8 \\ \hline \end{array}$$

4 □に不等号か等号をかきましょう。 （1つ5点）

① 0.3 □ 3

② 5.7 □ 5

③ 6.0 □ 6

④ 23 □ 2.3

点

小数 まとめ ⒃

名前

1 次の計算をしましょう。（1つ7点）

①
$$\begin{array}{r} 5.7 \\ +\ 4.6 \\ \hline \end{array}$$

②
$$\begin{array}{r} 6.8 \\ +\ 3.7 \\ \hline \end{array}$$

③
$$\begin{array}{r} 1.4 \\ +\ 8.9 \\ \hline \end{array}$$

④
$$\begin{array}{r} 7.5 \\ +\ 4.1 \\ \hline \end{array}$$

⑤
$$\begin{array}{r} 4.5 \\ +\ 3.5 \\ \hline \end{array}$$

⑥
$$\begin{array}{r} 1.8 \\ +\ 9.2 \\ \hline \end{array}$$

⑦
$$\begin{array}{r} 9.1 \\ -\ 2.6 \\ \hline \end{array}$$

⑧
$$\begin{array}{r} 6.4 \\ -\ 2.8 \\ \hline \end{array}$$

⑨
$$\begin{array}{r} 7.3 \\ -\ 3.8 \\ \hline \end{array}$$

⑩
$$\begin{array}{r} 4.2 \\ -\ 3.9 \\ \hline \end{array}$$

⑪
$$\begin{array}{r} 4.8 \\ -\ 3.8 \\ \hline \end{array}$$

⑫
$$\begin{array}{r} 9.2 \\ -\ 5.2 \\ \hline \end{array}$$

2 ジュースが2.3Ｌあります。0.4Ｌ飲(の)むとのこりは何Ｌですか。

（16点）

式(しき)

答え

分　数 (1)

名前

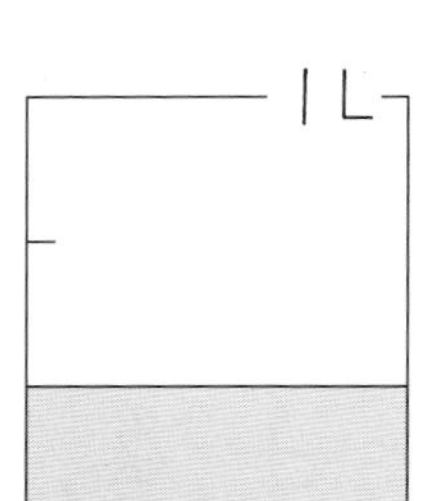

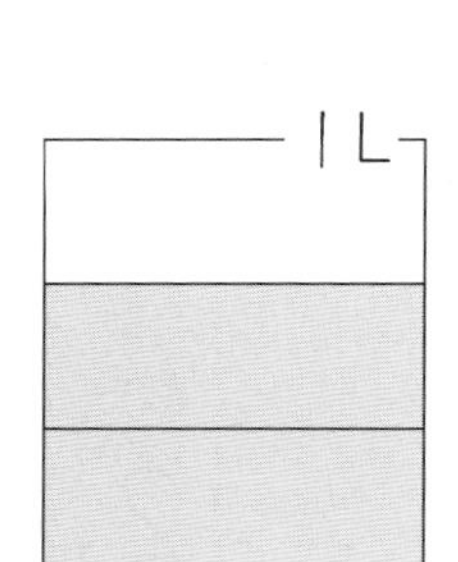

水が、1Lますを3等分した1こ分入っています。これは$\frac{1}{3}$Lです。

3分の1リットル　と読みます。

$\frac{1}{3}$Lの2こ分は$\frac{2}{3}$Lです。

$\frac{1}{3}$や$\frac{2}{3}$を **分数** といいます。

かきじゅん

③ 2 …… 分子

① ―

② 3 …… 分母

1 次のかさを分数で表しましょう。

①

1L

(　　　)

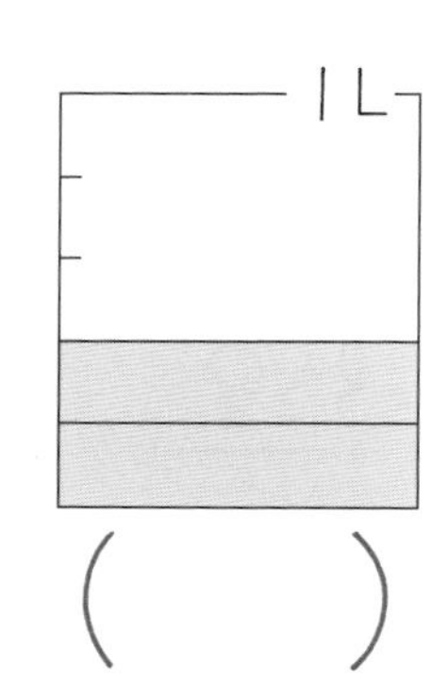

(　　　)

③

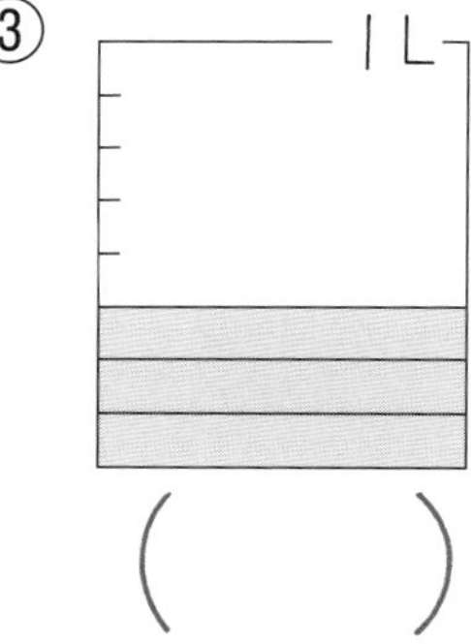

(　　　)

2 次のかさだけ1Lますに色をぬりましょう。

①

1L

$\frac{3}{4}$L

②

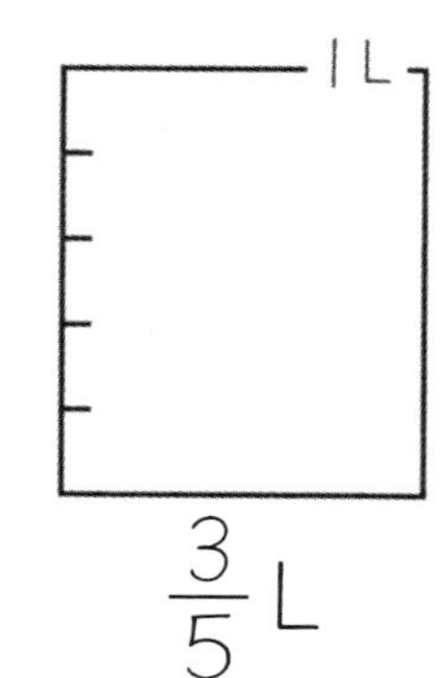

$\frac{3}{5}$L

③

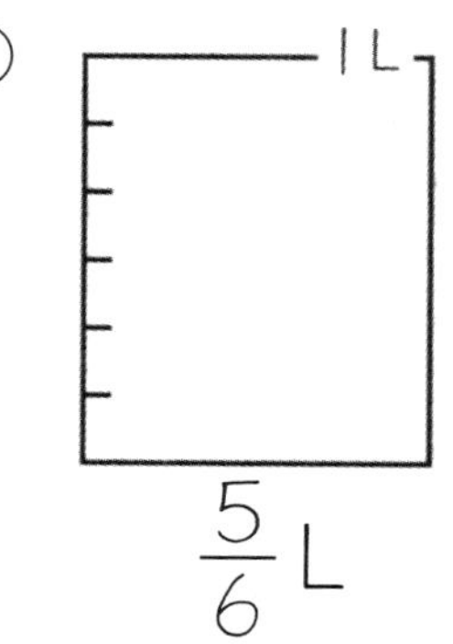

$\frac{5}{6}$L

分　数 (2)

名前

1 次の長さを分数で表して、（　）にかきましょう。

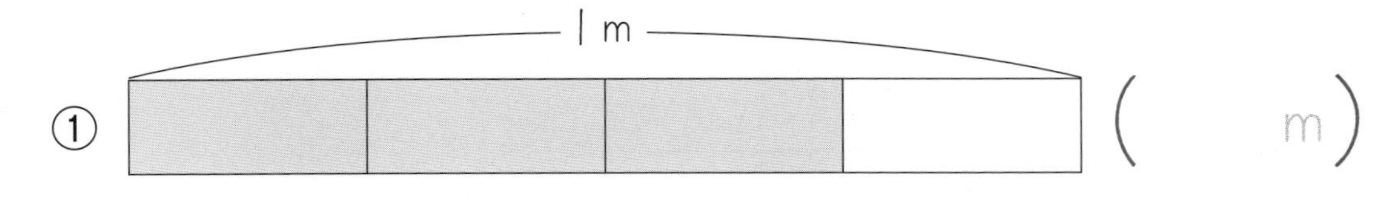

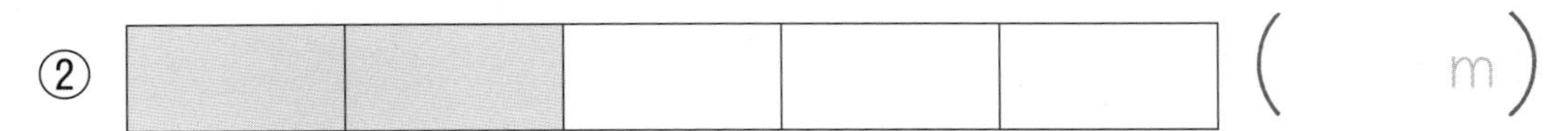

2 次の長さだけテープに色をぬりましょう。

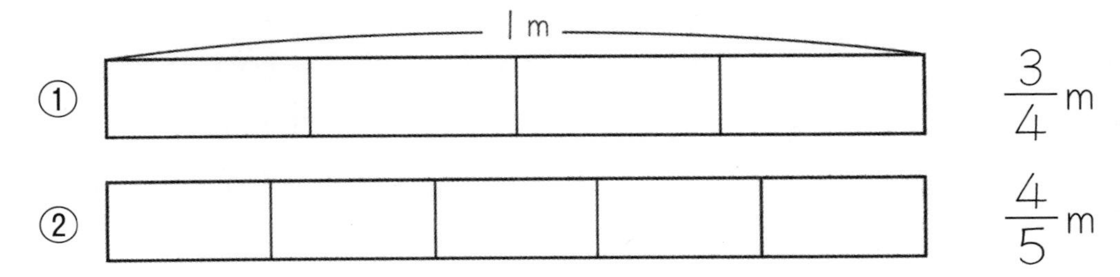

① $\frac{3}{4}$m

② $\frac{4}{5}$m

3 図を見て、答えましょう。

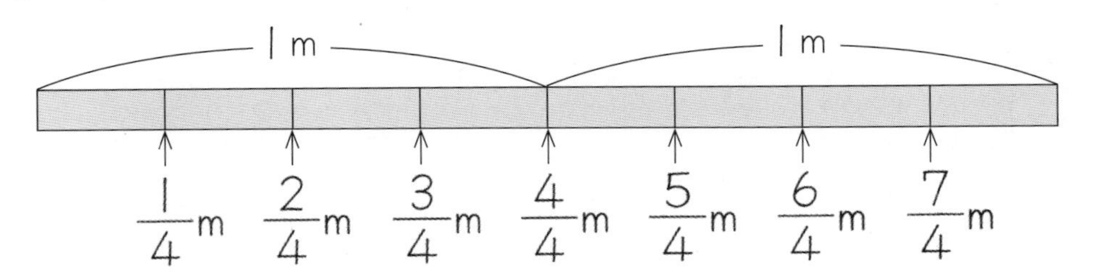

$\frac{1}{4}$m　$\frac{2}{4}$m　$\frac{3}{4}$m　$\frac{4}{4}$m　$\frac{5}{4}$m　$\frac{6}{4}$m　$\frac{7}{4}$m

① 1mと同じ長さを分数で表しましょう。

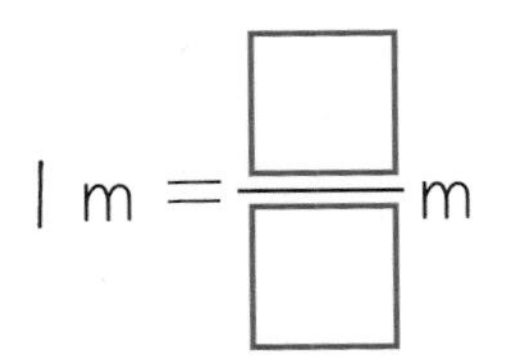

$1\text{m} = \frac{\square}{\square}\text{m}$

※　1は、分子と分母が同じ分数で表すことができます。

② □に数を入れましょう。

㋐ $1 = \frac{\square}{5}$　㋑ $\frac{7}{7} = \square$　㋒ $1 = \frac{6}{\square}$

分　数 (3)

名前

$\frac{1}{5}+\frac{2}{5}$ を考えましょう。

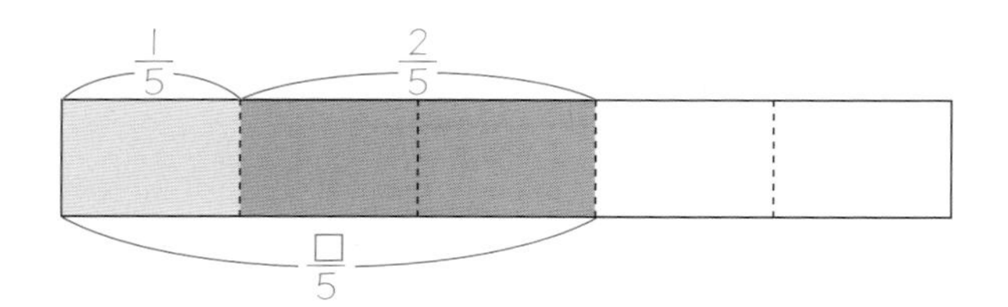

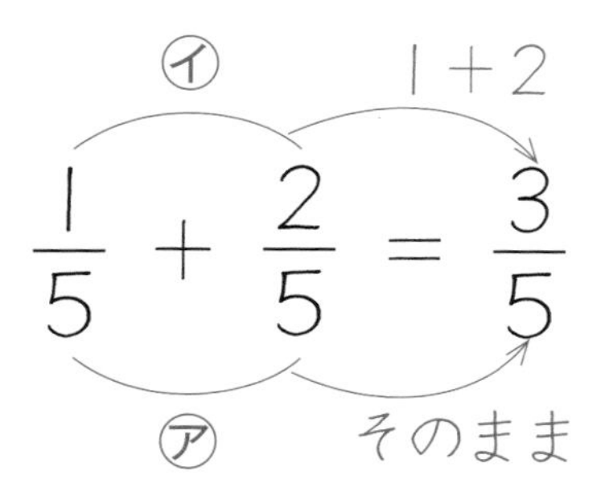

分母が同じ分数のたし算は、
㋐　分母はそのまま
㋑　分子をたし算する
（1＋2＝3）

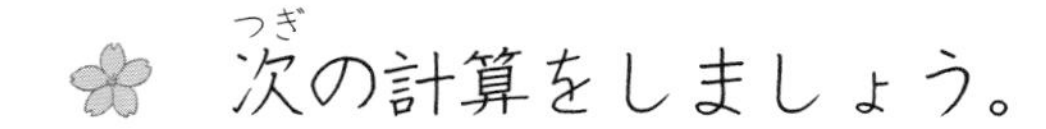

次(つぎ)の計算をしましょう。

① $\frac{1}{3}+\frac{1}{3}=$

② $\frac{2}{7}+\frac{3}{7}=$

③ $\frac{1}{5}+\frac{3}{5}=$

④ $\frac{1}{9}+\frac{4}{9}=$

⑤ $\frac{1}{6}+\frac{4}{6}=$

⑥ $\frac{3}{8}+\frac{4}{8}=$

⑦ $\frac{2}{4}+\frac{1}{4}=$

⑧ $\frac{4}{10}+\frac{5}{10}=$

分　数 (4)

月　　日

名前

$\frac{3}{5}-\frac{2}{5}$を考えましょう。

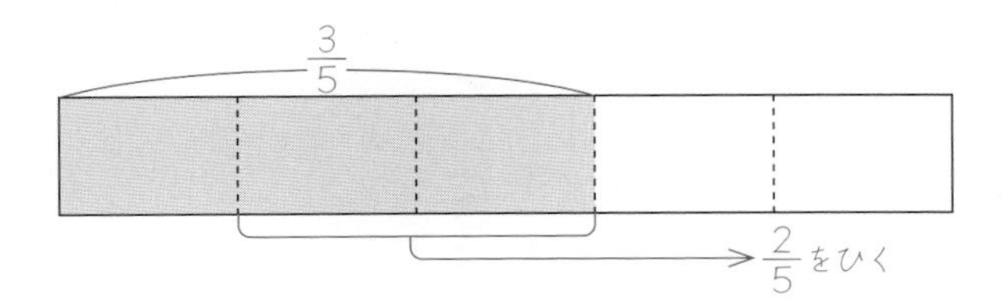

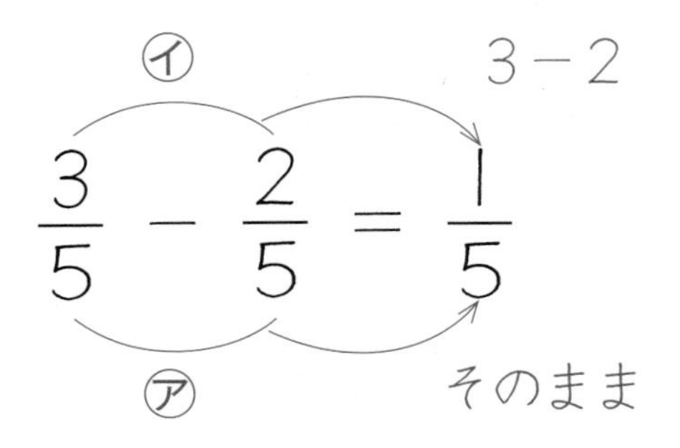

分母が同じ分数のひき算は、
㋐　分母はそのまま
㋑　分子をひき算する
（3－2＝1）

次の計算をしましょう。

① $\frac{3}{5}-\frac{2}{5}=$

② $\frac{7}{8}-\frac{4}{8}=$

③ $\frac{6}{7}-\frac{2}{7}=$

④ $\frac{8}{9}-\frac{4}{9}=$

⑤ $\frac{8}{10}-\frac{5}{10}=$

⑥ $\frac{3}{4}-\frac{2}{4}=$

⑦ $\frac{5}{6}-\frac{4}{6}=$

⑧ $\frac{2}{3}-\frac{1}{3}=$

分　数 (5)

月　　日

名前

1 次(つぎ)の計算をしましょう。

① $\frac{2}{5}+\frac{3}{5}=\frac{5}{5}=1$

② $\frac{3}{8}+\frac{5}{8}=$

③ $\frac{3}{7}+\frac{4}{7}=$

④ $\frac{4}{9}+\frac{5}{9}=$

⑤ $\frac{3}{4}+\frac{1}{4}=$

⑥ $\frac{1}{8}+\frac{7}{8}=$

2 次の計算をしましょう。

１を、ひく数の分母とあわせて、$\frac{6}{6}$にします。
１は、分母と分子が同じ数ならどんな分数にもなります。

① $1-\frac{1}{6}=\frac{6}{6}-\frac{1}{6}$

$=\frac{5}{6}$

② $1-\frac{1}{3}=$

$=$

③ $1-\frac{3}{5}=$

$=$

④ $1-\frac{4}{7}=$

$=$

⑤ $1-\frac{5}{8}=$

$=$

月　日

分　数 (6)

名前

0.3L と $\frac{3}{10}$L をくらべましょう。

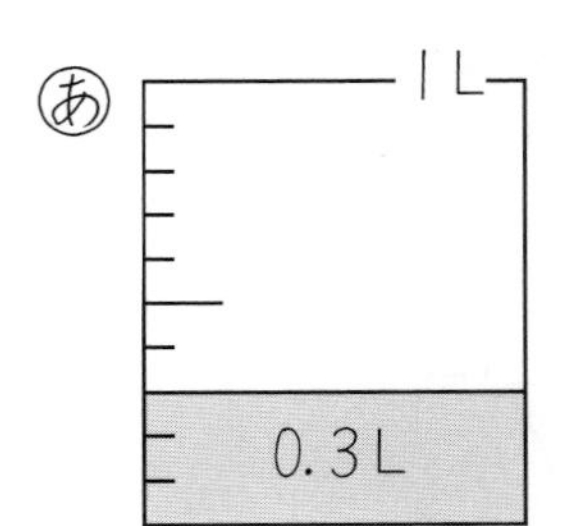

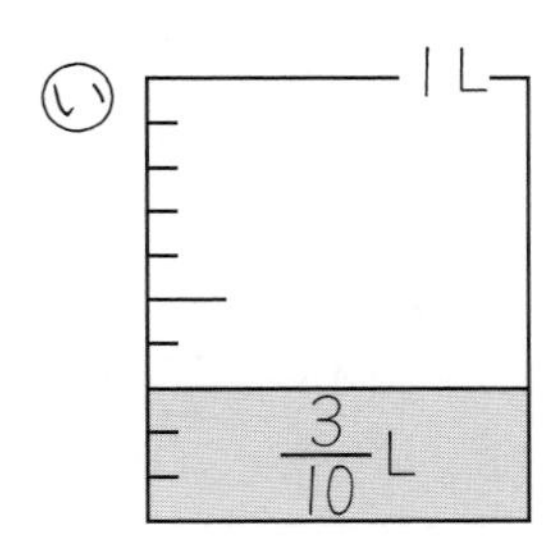

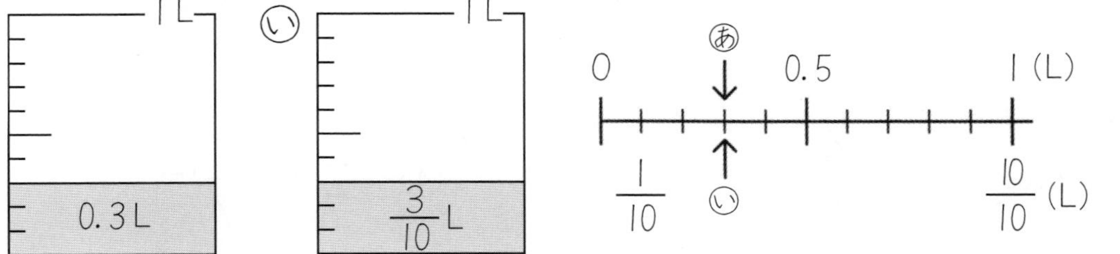

$0.3\text{L} = \frac{3}{10}\text{L} \rightarrow 0.3 = \frac{3}{10}$

1 分数は小数（整数(せいすう)）で、小数は分数で表(あらわ)しましょう。

① $0.9 =$　　② $\frac{10}{10} =$　　③ $0.7 =$

④ $\frac{3}{10} =$　　⑤ $0.1 =$　　⑥ $\frac{5}{10} =$

2 次の数の大小をくらべ、□に等号(とうごう)か不等号(ふとうごう)をかきましょう。

① $\frac{2}{10}$ □ 0.5　　② $\frac{10}{10}$ □ 1

③ 0.7 □ $\frac{7}{10}$　　④ 0.9 □ $\frac{3}{10}$

⑤ 0.4 □ $\frac{8}{10}$　　⑥ $\frac{6}{10}$ □ 0.5

月　日

分数 まとめ ⑰

名前

1 次(つぎ)の計算をしましょう。　（1つ7点）

① $\frac{1}{4}+\frac{2}{4}=$　② $\frac{4}{5}-\frac{3}{5}=$

③ $\frac{5}{6}-\frac{4}{6}=$　④ $\frac{2}{7}+\frac{3}{7}=$

⑤ $\frac{7}{8}-\frac{4}{8}=$　⑥ $\frac{5}{9}+\frac{3}{9}=$

⑦ $\frac{7}{10}+\frac{2}{10}=$　⑧ $\frac{2}{3}-\frac{1}{3}=$

⑨ $\frac{9}{11}-\frac{5}{11}=$　⑩ $\frac{6}{12}+\frac{5}{12}=$

2 分数は小数で、小数は分数で表(あらわ)しましょう。　（1つ5点）

① $0.3=$　② $\frac{6}{10}=$

③ $\frac{4}{10}=$　④ $0.7=$

⑤ $\frac{5}{10}=$　⑥ $0.9=$

点

分数 まとめ ⒅

月　日

名前

1 次の計算をしましょう。（1つ7点）

① $\frac{1}{5}+\frac{2}{5}=$

② $\frac{6}{11}-\frac{3}{11}=$

③ $\frac{4}{5}-\frac{2}{5}=$

④ $\frac{2}{7}+\frac{2}{7}=$

⑤ $\frac{2}{5}+\frac{2}{5}=$

⑥ $\frac{5}{7}-\frac{2}{7}=$

⑦ $\frac{4}{5}+\frac{1}{5}=$

⑧ $\frac{4}{5}-\frac{1}{5}=$

⑨ $\frac{3}{8}+\frac{5}{8}=$

⑩ $\frac{7}{9}+\frac{1}{9}=$

2 次の数の大小をくらべ、□に等号(とうごう)か不等号(ふとうごう)をかきましょう。（1つ5点）

① 0.4 □ $\frac{5}{10}$

② 1 □ $\frac{9}{9}$

③ 0.1 □ 0

④ 0.3 □ $\frac{2}{10}$

⑤ 0.5 □ $\frac{4}{10}$

⑥ 0.7 □ $\frac{7}{10}$

点

長　さ (1)

名前

まきじゃくは、持ち運びができるので、運動場などで長さをはかるのにべんりです。また、木のまわりをはかるときは、まきじゃくが、ぴったりくっつくのでべんりです。

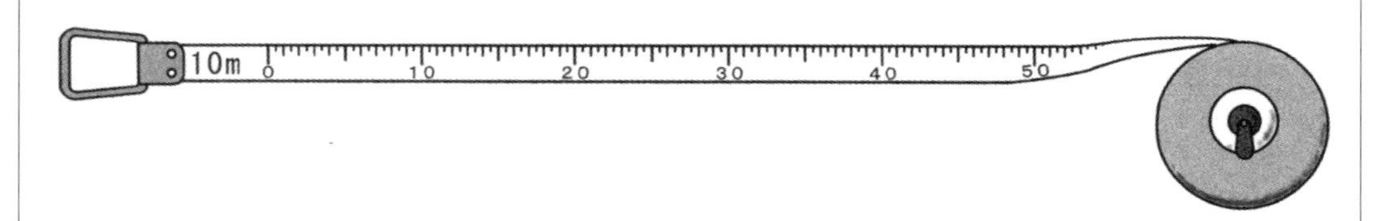

まきじゃくには、10m、30m、50m など、いろいろな長さのものがあります。

1 柱を1まわりさせると、まきじゃくが図のようになりました。柱のまわりの長はどれだけでしょう。

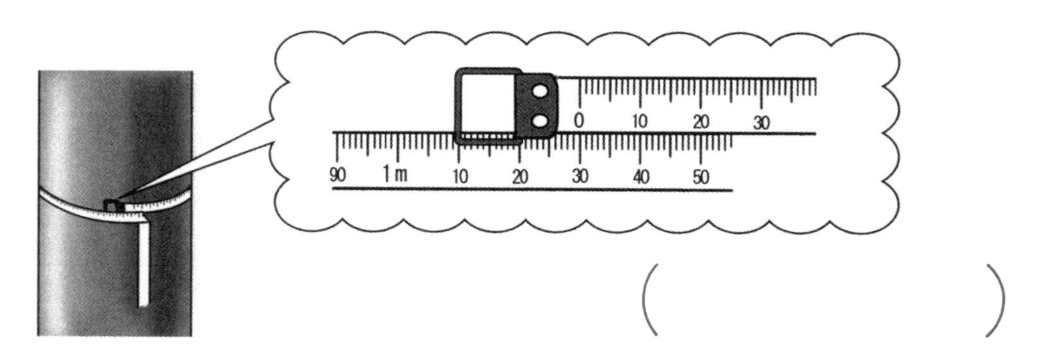

(　　　　　　)

2 下の↓のところの長さをかきましょう。

㋐(　　　　　)　㋑(　　　　　)　㋒(　　　　　)

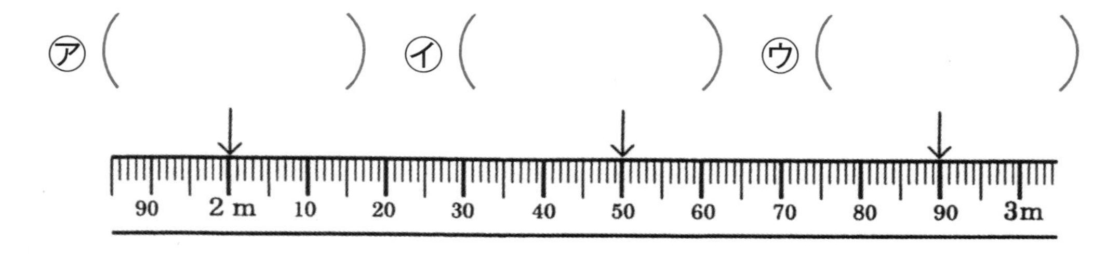

長　さ⑵

名前

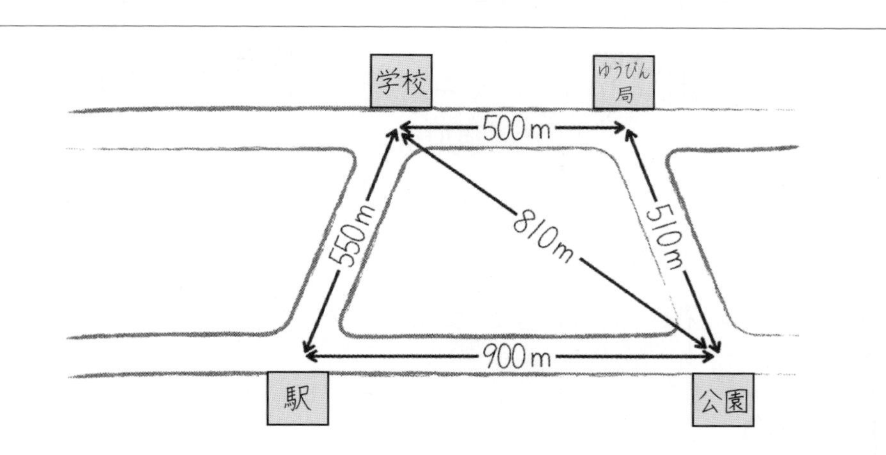

道にそってはかった長さを **道のり** といいます。
地図の上などで、２つの地点をまっすぐにはかった長さを **きょり** といいます。

1 学校から、公園までの道のりは、何mですか。

① ゆうびん局(きょく)を通る道

式(しき)

答え

② 駅(えき)を通る道

式

答え

2 学校と公園のきょりは、何mですか。

答え

長　さ (3)

名前

1000m を 1 キロメートルといいます。
1000m ＝ 1 km
km も長さのたんいです。

1 km をていねいに練習しましょう。

km km km km

2 1450m は、何 km 何 m ですか。

km			m
1	4	5	0

(　　　　　　　　)

3 次の長さを何 km 何 m で表しましょう。

① 1110m ＝(　　　　　　)

② 2500m ＝(　　　　　　)

③ 3030m ＝(　　　　　　)

4 次の長さを、何 m で表しましょう。

① 6 km 932m ＝(　　　　　　)

② 7 km　50m ＝(　　　　　　)

③ 1 km 600m ＝(　　　　　　)

長　さ (4)

名前

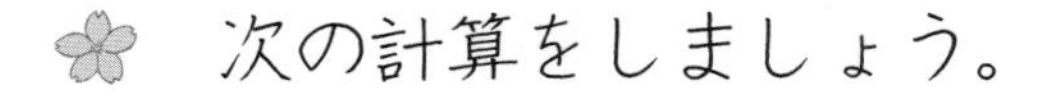

次の計算をしましょう。

① 4km ＋ 2km ＝ □ km

② 7km ＋ 4km ＝ □ km

③ 8km － 2km ＝ □ km

④ 10km － 5km ＝ □ km

⑤ 2km300m ＋ 3km200m

＝ □ km □ m

⑥ 3km500m ＋ 5km600m

＝ □ km □ m

⑦ 4km800m － 2km400m

＝ □ km □ m

⑧ 7km200m － 3km500m

＝ □ km □ m

重　さ (1)

名前

重さは、はかりではかります。重さのたんいには、g（グラム）があります。1円玉は、1こ1gになるように作られています。

1 gをかく練習をしましょう。

2 はかりは、何gを指していますか。

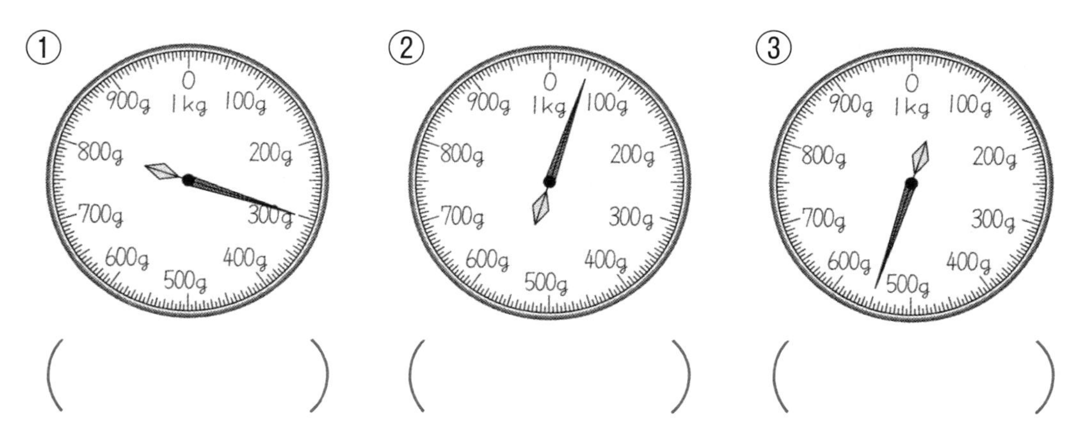

①（　　　）　②（　　　）　③（　　　）

1000gを 1キログラム といい、1kg とかきます。
キログラムも重さのたんいです。

重　さ ⑵

名前

1　kgをかく練習をしましょう。

1kg　kg kg kg

2　はかりは、何kgを指していますか。

① 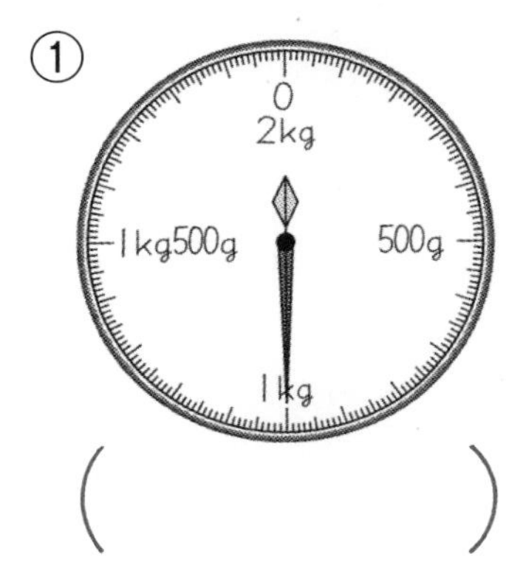

(　　　　)

② 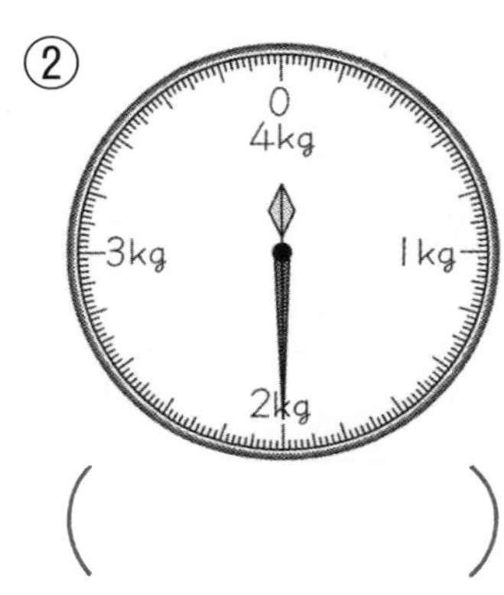

(　　　　)

③ 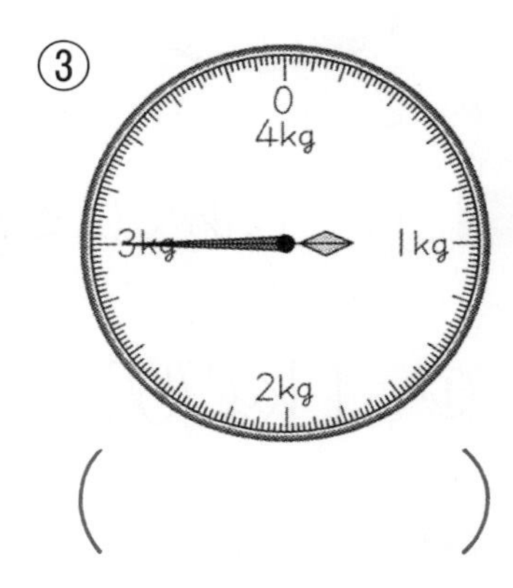

(　　　　)

3　はかりは、何kg何gを指していますか。

① 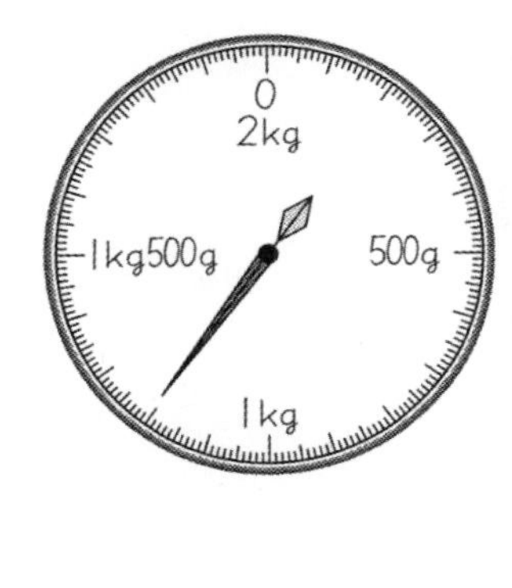

(　　　　)

② 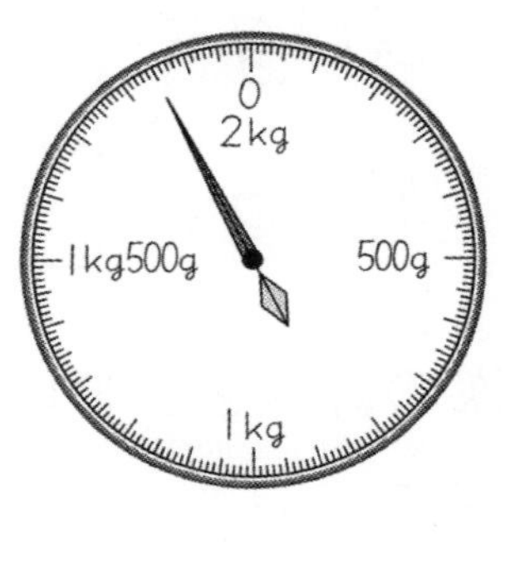

(　　　　)

4　次の重さを、はかりにはりをかきましょう。

①　650g

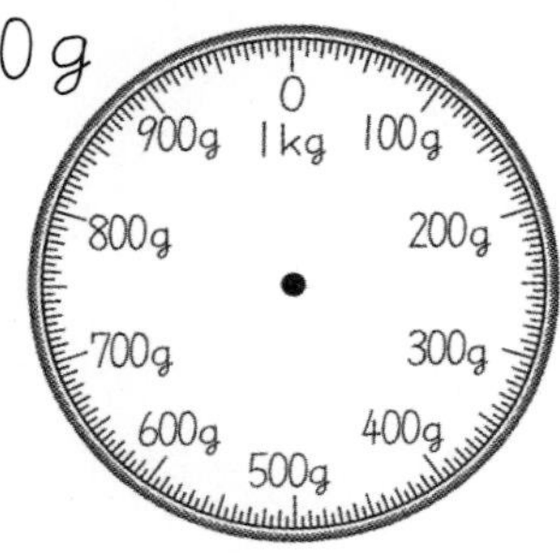

②　2kg 300g

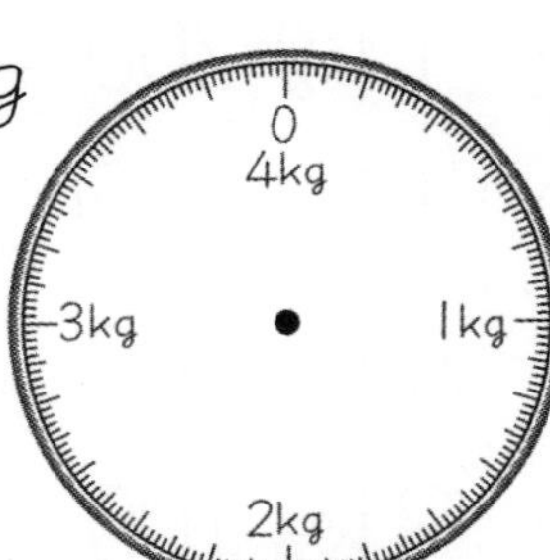

重　さ (3)

月　　日

名前

1kg500gのことを、1500gともいいます。

kg			g
1	5	0	0

1 □にあてはまる数をかきましょう。

① 1kg700g＝□g

② 2kg230g＝□g

③ 1600g＝□kg□g

④ 2400g＝□kg□g

2 次の計算をしましょう。

① 870g＋370g＝　kg　g

② 950g＋720g＝　kg　g

③ 1kg200g＋3kg480g＝　kg　g

④ 1kg－200g＝　g

⑤ 4kg900g－800g＝　kg　g

⑥ 3kg100g－700g＝　kg　g

月　日

重　さ (4)

名前

横浜市では、1人が2か月で、およそ15t の水を使います。1t は1トン と読みます。

$$1000kg = 1t$$

トン（t）も重さのたんいです。

1 t のかき方を練習しましょう。

t　t　t　t　t　t

2 （　）に重さのたんいをかきましょう。

① 学校のプールに、250（　　　）の水が入っています。

② トラックに、1ふくろ10（　　　）の米ぶくろを100こつみました。

全部で1000（　　　）で、1（　　　）です。

3 □ に数をかきましょう。

1g → ① □ 倍 → 1kg → ② □ 倍 → 1t

長さ まとめ ⒆

月　日

名前

1 ↓のところの長さをかきましょう。（1つ10点）

㋐（　　　）㋑（　　　）㋒（　　　）

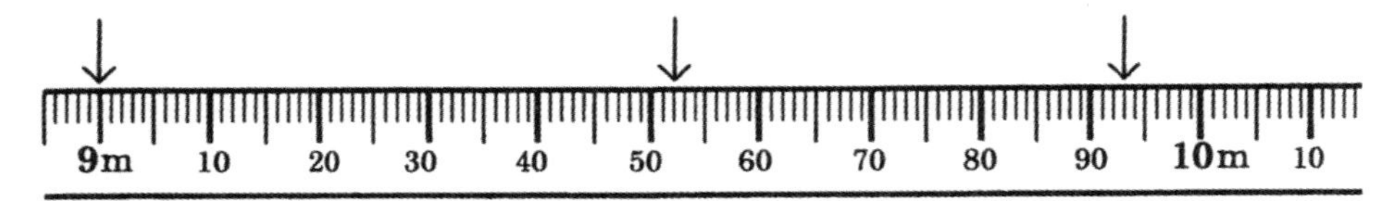

2 （　）にあてはまる長さのたんいをかきましょう。（1つ10点）

① ノートの横（よこ）の長さ　18（　　　）

② ふじ山の高さ　3776（　　　）

③ 遠足で歩いた道のり　8（　　　）

3 次（つぎ）の長さをはかるには、何を使（つか）うとよいですか。下からえらんで記号（きごう）をかきましょう。（1つ10点）

① はばとびでとんだ長さ（　　）

② 絵本の横の長さ（　　）

㋐ 30cm のものさし　㋑ まきじゃく

4 次の計算をしましょう。（　）の中のたんいにしましょう。

（（）1つ5点）

① 2km300m＋3km500m
＝（　km　m）＝（　　m）

② 6km800m－4km300m
＝（　km　m）＝（　　m）

月　日

重さ まとめ ⒇

名前

1 次の（　）に重さのたんいをかきましょう。（1つ10点）

① かんジュース1本の重さ………370（　　）

② たまご1この重さ…………………65（　　）

③ たけるさんの体重…………………27（　　）

④ お米1ふくろの重さ………………10（　　）

2 次の問題をしましょう。

① 重さ600gのかばんに、550gの荷物を入れました。重さはいくらになりますか。（20点）

式

答え

② 荷物を入れたかばんをはかったら、1kg500gありました。かばんだけはかると600gでした。荷物の重さは何gですか。（20点）

式

答え

3 次の計算をしましょう。（1つ10点）

① 380g＋810g＝

② 2kg300g－400g＝

点

月　日

円と球 (1)

名前

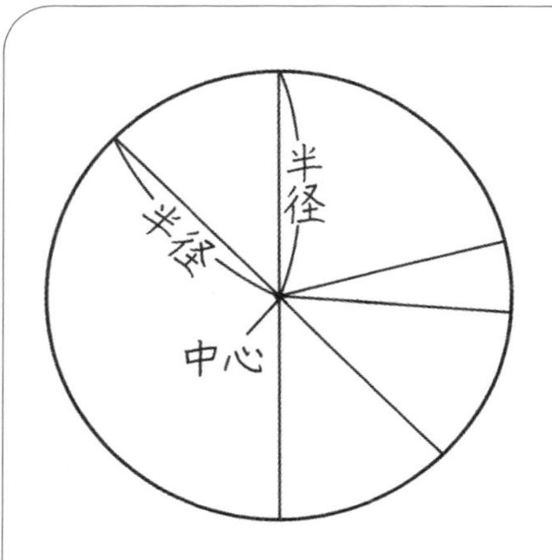

1つの点から、同じ長さになるように線を引いてできた形を **円** といいます。

円のまん中の点を **円の中心** といいます。円の中心から円のまわりまでを **半径**（はんけい） といいます。半径は何本でもあります。

円のまわりから、円の中心を通り、反対（はんたい）がわの円のまわりまで引いた直線を **直径**（ちょっけい） といいます。

直径の長さは、半径の2倍（ばい）です。直径も何本でもあります。

図を見て答えましょう。

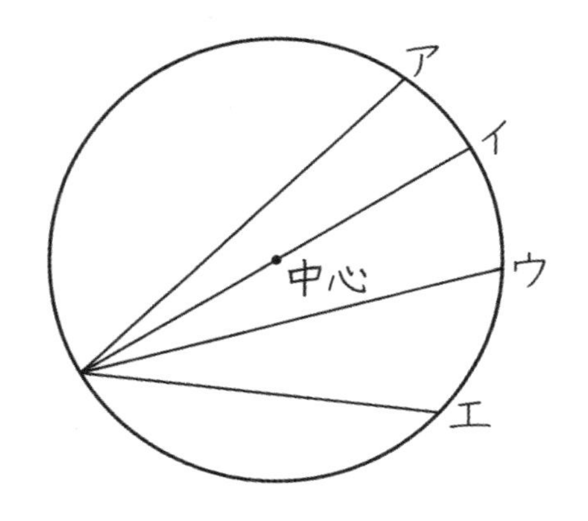

① 一番長い直線はどれですか。

（　　　　）

② 一番長い直線は、どこを通っていますか。

（　　　　）

月　　日

円と球 (2)

名前

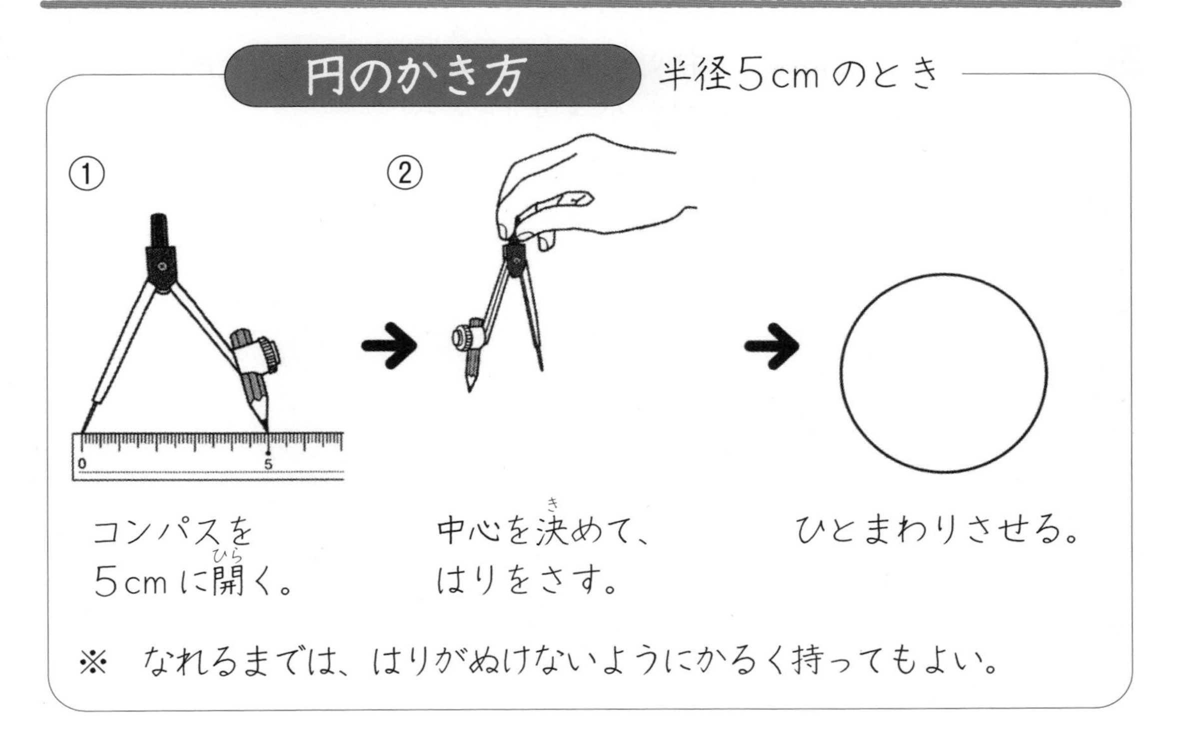

半径4cm の円をかいてみましょう。

・中心
（はりをさす）

時計の40分のところからかき始めるとかきやすい。

かき始め

月　日

円と球 (3)

名前

1 コンパスを使って、中心は同じで半径2cm、3cm、4cm、5cm、6cm、7cmの円をかきましょう。

中心

2 コンパスで、下の直線を3cmずつに区切りましょう。

月　日

円と球 (4)

名前

ボールのように、どこから見ても円に見える形を、球（きゅう）といいます。

1 下の図は、球を半分に切ったところです。

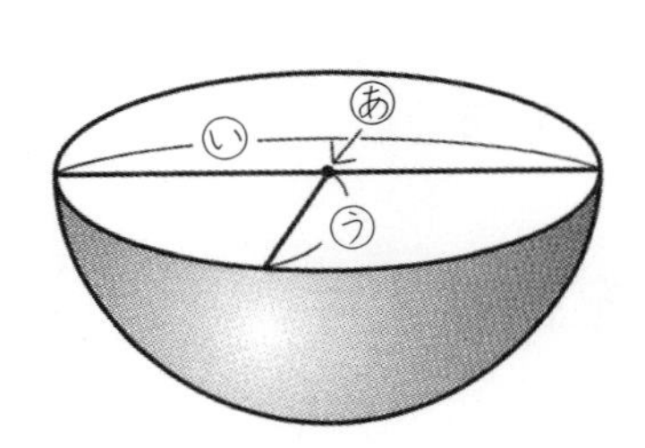

① あ、い、うは、それぞれ何といいますか。

あ　球の（　　　　　）

い　球の（　　　　　）

う　球の（　　　　　）

② 切り口は何という形ですか。

（　　　　　）

2 箱（はこ）の中にボール6こがぴったり入っています。

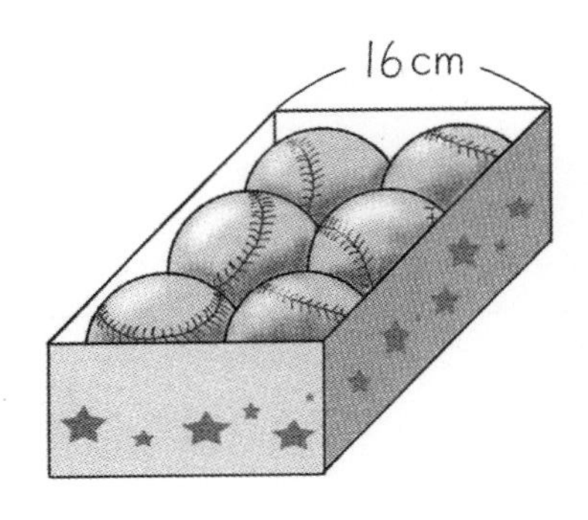

① このボールの直径（ちょっけい）は何cmですか。

式（しき）

答え

② この箱のたての長さは何cmですか。

式

答え

円と球 まとめ ⑵1

月　日

名前

1 （　）にあてはまることばや数をかきましょう。（1つ10点）

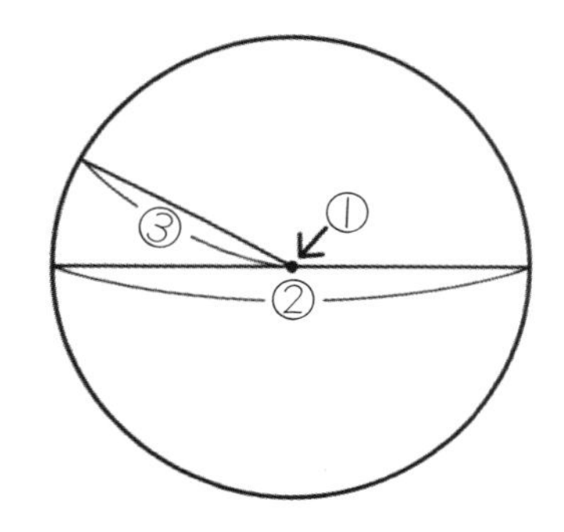

① 円の（　　　　　　）

② 円の（　　　　　　）

③ 円の（　　　　　　）

④ 直径（ちょっけい）の長さは、半径の（　　　　）倍（ばい）です。

⑤ 直径は、円の（　　　　　　）を通ります。

2 球（きゅう）の切り口は、何という形ですか。（10点）

（　　　　　）

3 直線の上の・を中心にして、直径4cmの円を5つかきましょう。（40点）

点

月　日

円と球 まとめ (22)

名前

1 図は、球を半分に切ったところです。

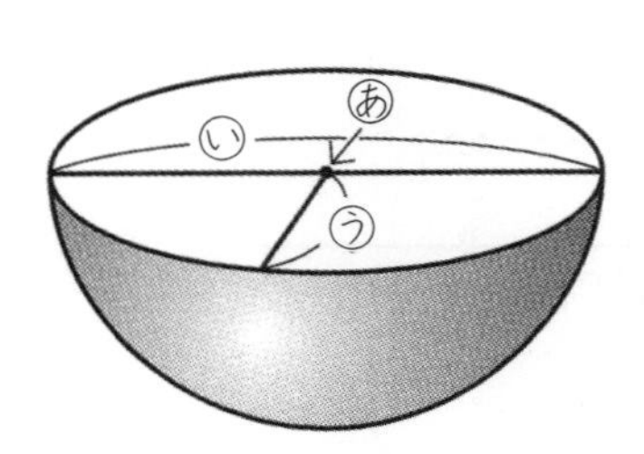

① あ、い、うは、それぞれ何といいますか。（1つ10点）

あ 球の（　　　　　）

い 球の（　　　　　）

う 球の（　　　　　）

② 切り口は何という形ですか。（10点）

答え

③ 球の半径が5cmのとき、球の直径は何cmですか。（10点）

答え

2 箱の中にボール6こがぴったり入っています。

① このボールの直径は何cmですか。

式（式、答え10点ずつ）

答え

② ボールの半径は何cmですか。（10点）

式

答え

③ この箱の横の長さは何cmですか。（式、答え10点ずつ）

式

答え

点

三角形 (1)

名前

2つの辺の長さが等しい三角形を　**二等辺三角形**といいます。

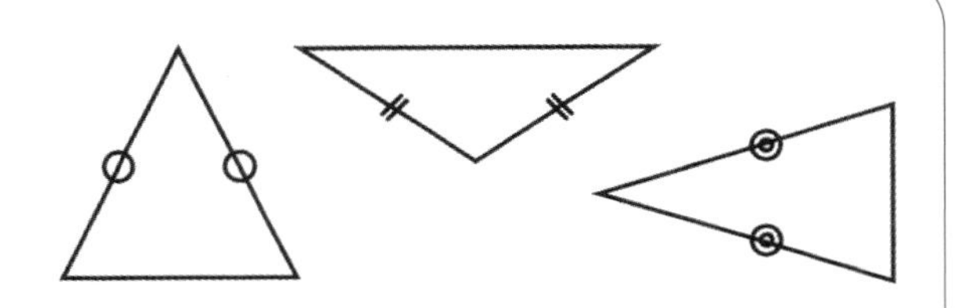

3つの辺の長さがみんな等しい三角形を　**正三角形**といいます。

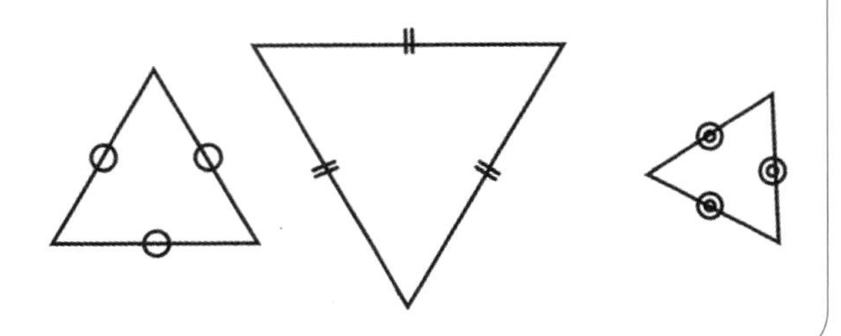

三角形をなかま分けして、(　　　) に記号をかきましょう。

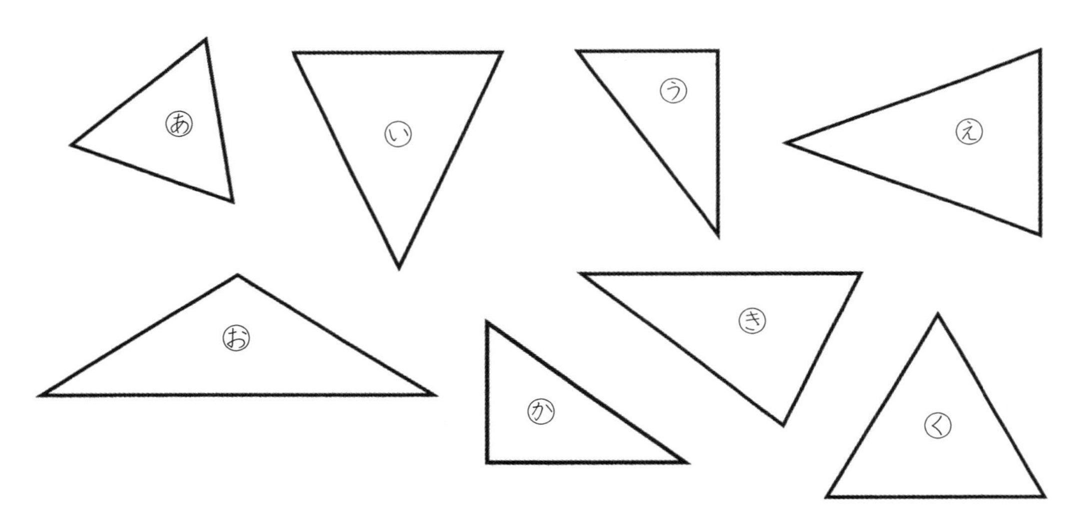

正三角形 (　　　　　)　　二等辺三角形 (　　　　　)

直角三角形 (　　　　　)　　その他の三角形 (　　　　　)

月　日

三角形 (2)

名前

二等辺三角形のかき方

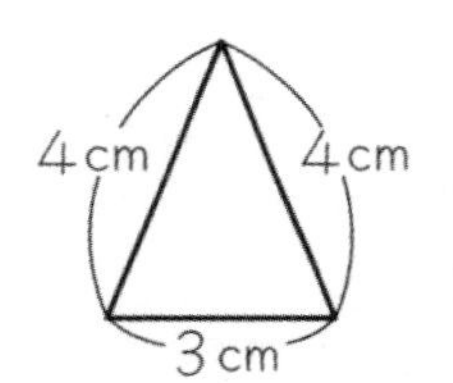

① 3cmの辺をひく。

② コンパスで4cmのところにしるしをつける。

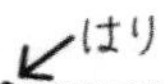

③ 下の辺の反対がわから4cmの線が交わるようにしるしをつける。

はり

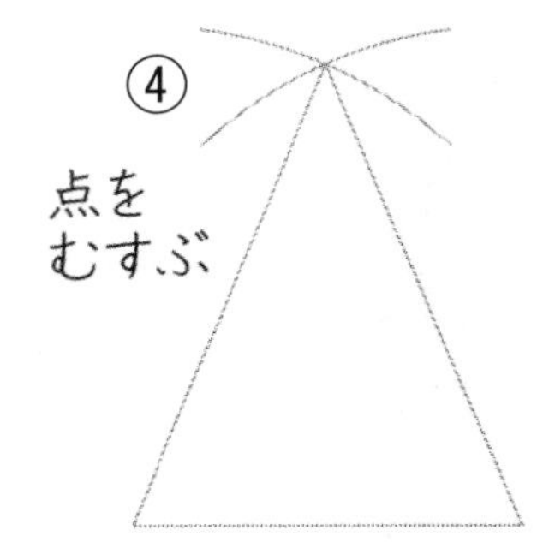

④ 点をむすぶ

🌸 次の二等辺三角形をかきましょう。

①

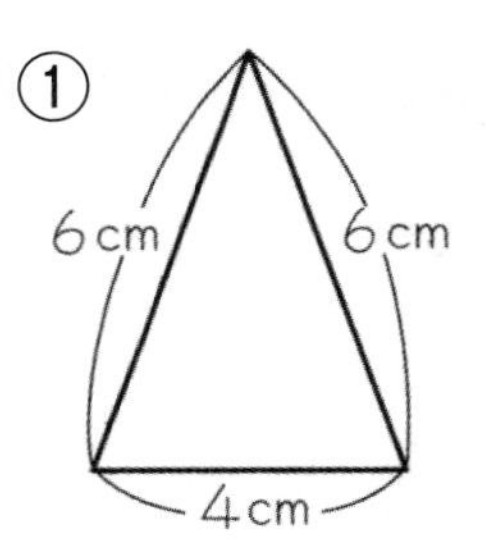

②

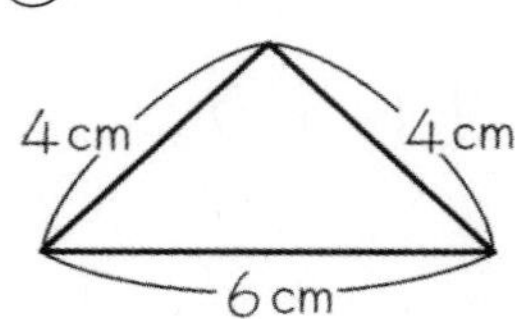

4cm

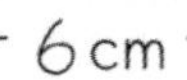

月　日

三角形 (3)

名前

正三角形のかき方

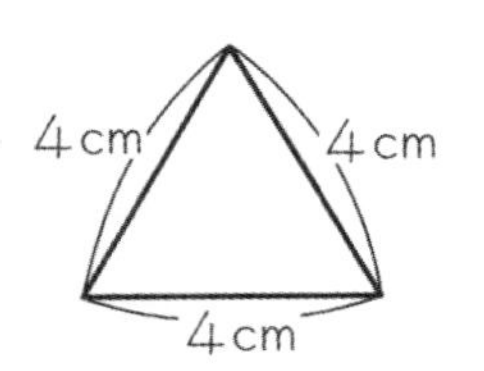

① 4cmの辺をひく。

② コンパスで4cmのところにしるしをつける。

はり

③ 下の辺の反対がわから4cmの線が交わるようにしるしをつける。

はり

④ 点をむすぶ

✿ 辺の長さが5cmの正三角形と、辺の長さが6cmの正三角形をかきましょう。

① 5cm　　② 6cm

月　日

名前

三角形 (4)

1つの点を通る2本の直線が作る形を **角**（かく） といいます。

角を作る直線を **辺**（へん） といいます。

1つの点を **ちょう点**（てん） といいます。

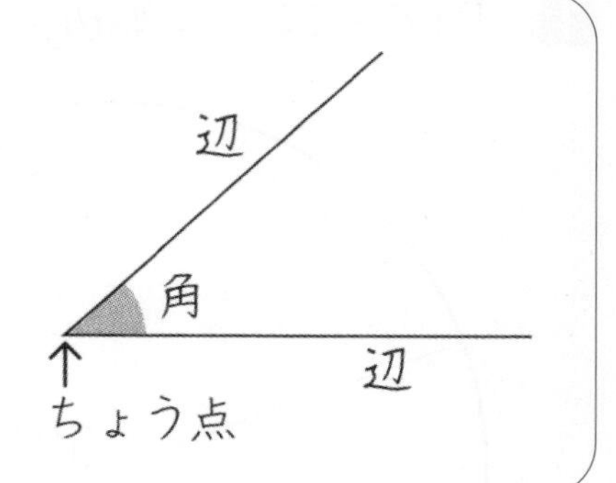

1 二等辺三角形（にとうへんさんかくけい）を切りとり、角が重（かさ）なるようにして、大きさをくらべましょう。（いろいろな角でやってみましょう。）

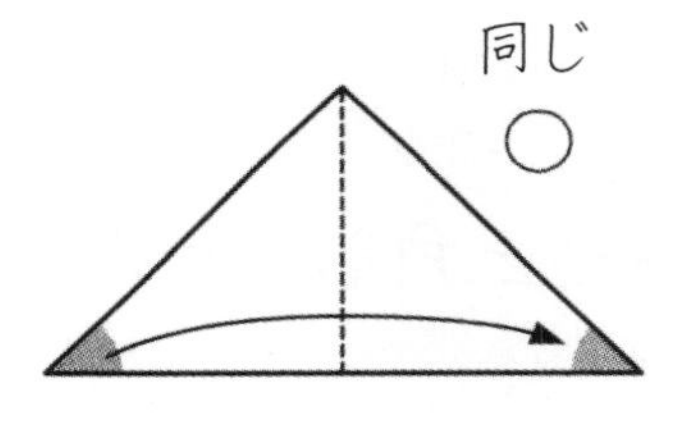

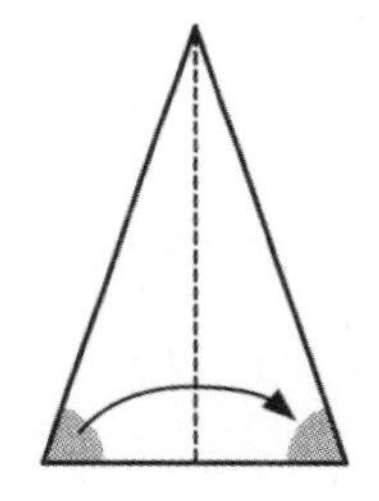

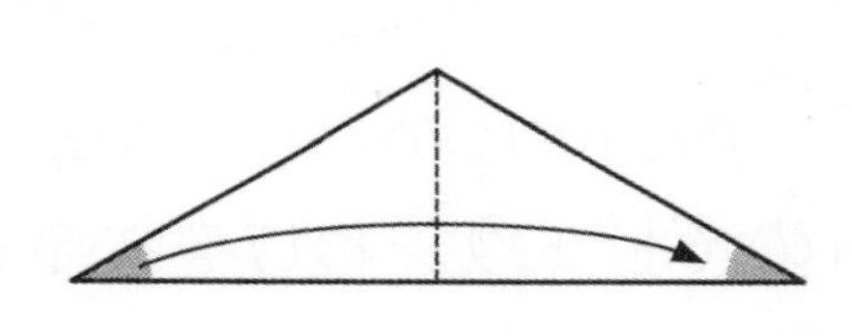

2 正三角形を切りとり、角が重なるようにして、大きさをくらべましょう。

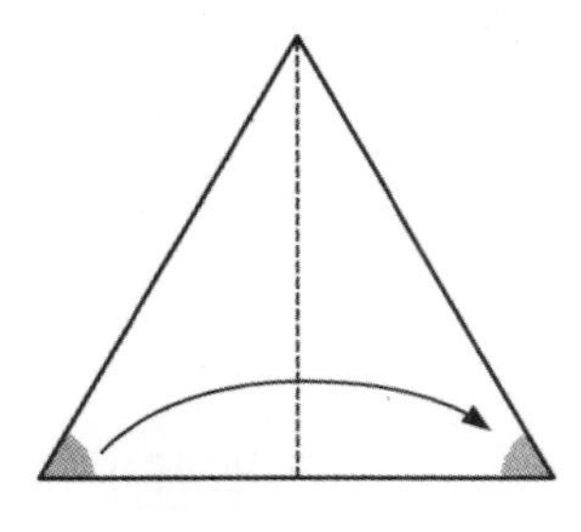

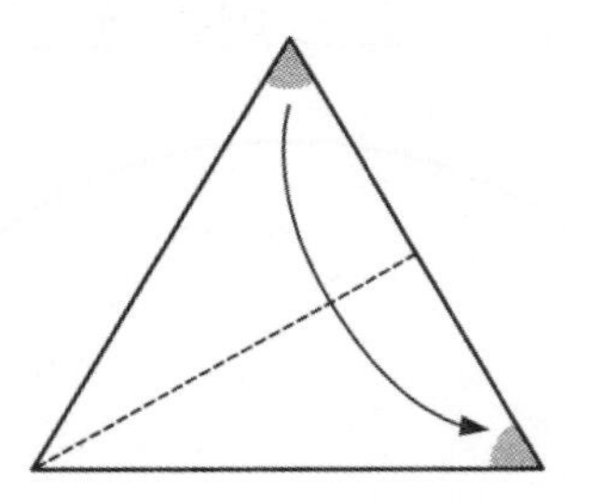

二等辺三角形は、2つの角の大きさが同じです。

正三角形は、3つの角の大きさがみな同じです。

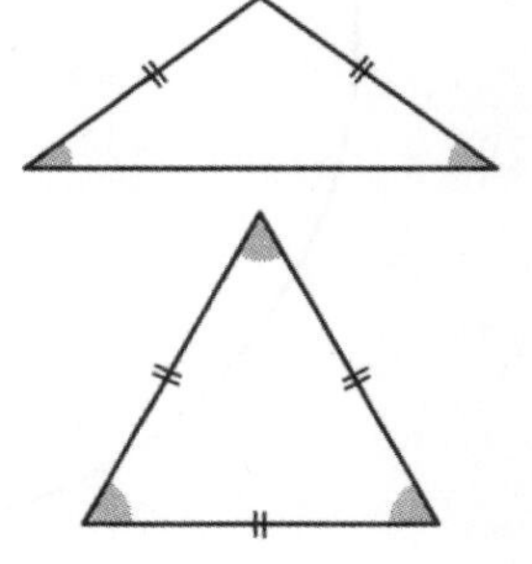

三角形 (5)

月　日

名前

1 円の中に、二等辺三角形（にとうへんさんかくけい）を３つかきましょう。

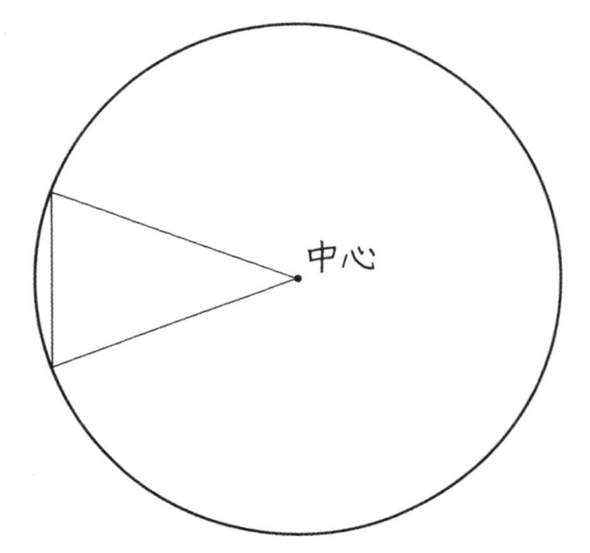

円の中にかいた三角形は、どうして二等辺三角形だといえるのでしょう。わけをかきましょう。

（　　　　　　　　　　　　　　　　　　　　）

2 円の中に、正三角形を２つかきましょう。

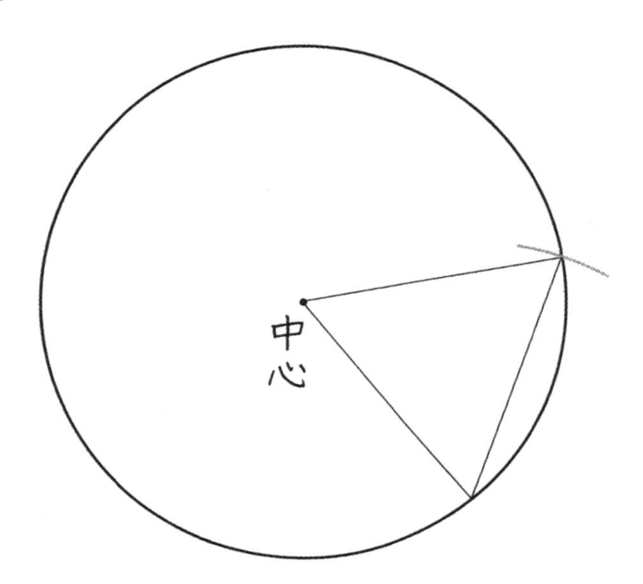

半径と同じ長さのところにコンパスを使（つか）って、しるしをつけましょう。

三角形 (6)

名前

1 三角じょうぎ２組を使い、図のようにならべました。何という三角形ですか。名前をかきましょう。

①

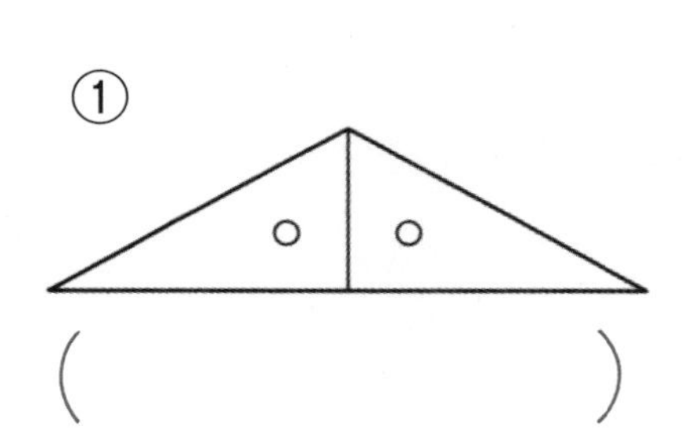

（　　　　　　）

②

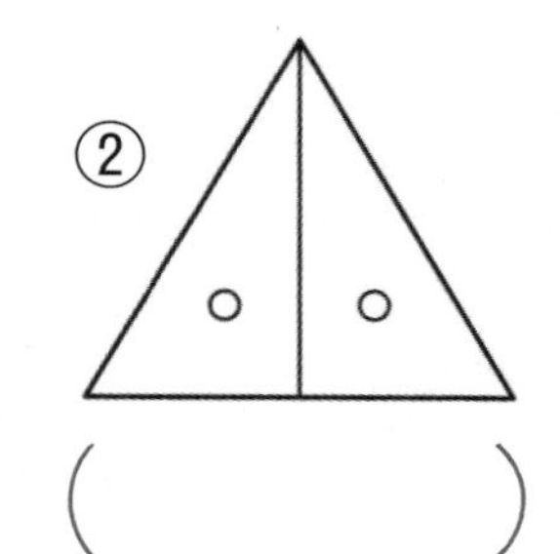

（　　　　　　）

③

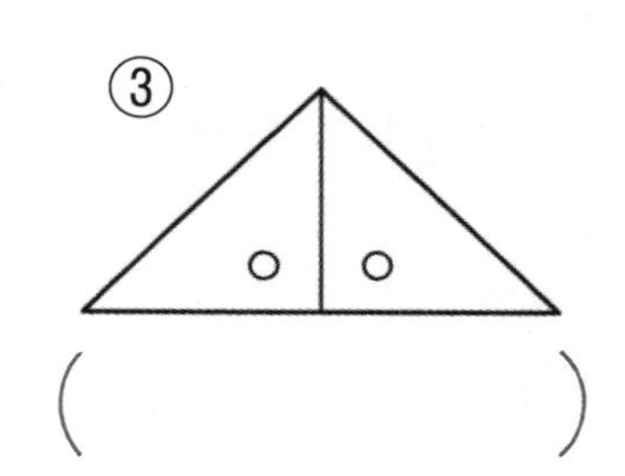

（　　　　　　）

2 おり紙で二等辺三角形を作りましょう。

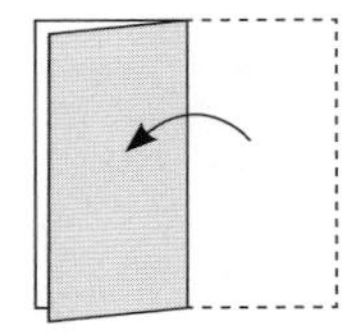

① 半分におる

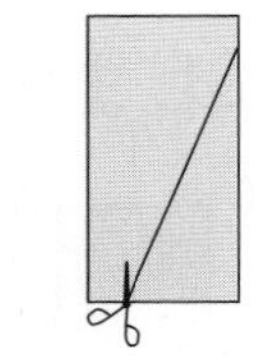

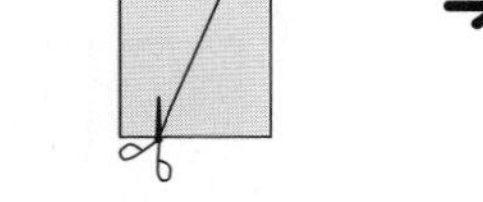

② 線をひいてから切る

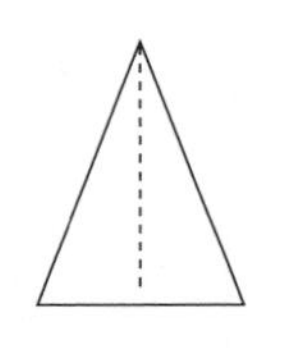

③ できあがり

3 おり紙で正三角形を作りましょう。

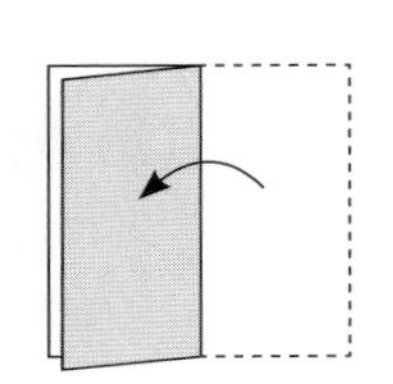

① 半分におる

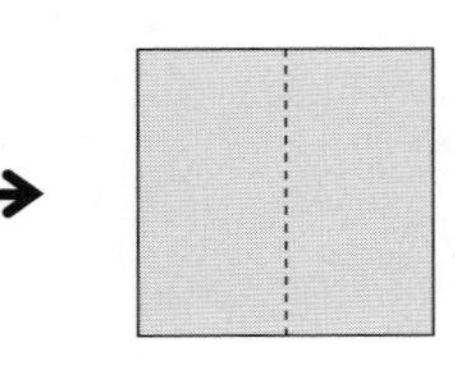

② 広げる

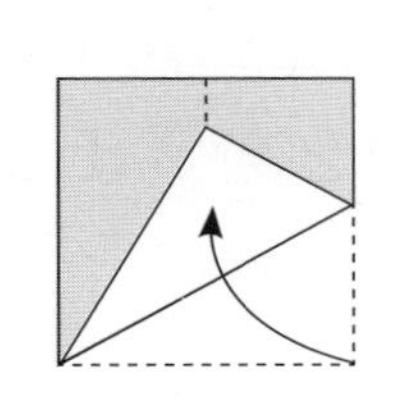

③ 右はしを、線に合わせて、しるしをつける

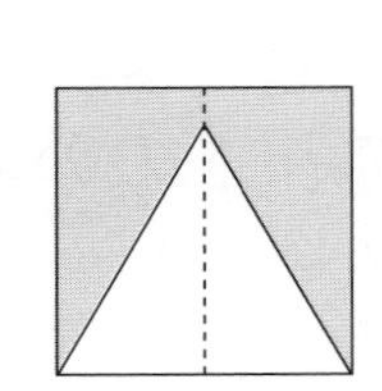

④ 三角形をかいて切る

三角形 まとめ ㉓

月　　日

名前

1 下の三角形は、何という三角形ですか。（1つ10点）

① 辺(へん)の長さが３cm、３cm、４cm の三角形。

（　　　　　　　）

② 辺の長さが３cm、３cm、３cm の三角形。

（　　　　　　　）

③ 角の大きさがみんな等(ひと)しい三角形。

（　　　　　　　）

④ ２つの角の大きさが等しい三角形。

（　　　　　　　）

2 おり紙を、㋐〜㋒のようにします。

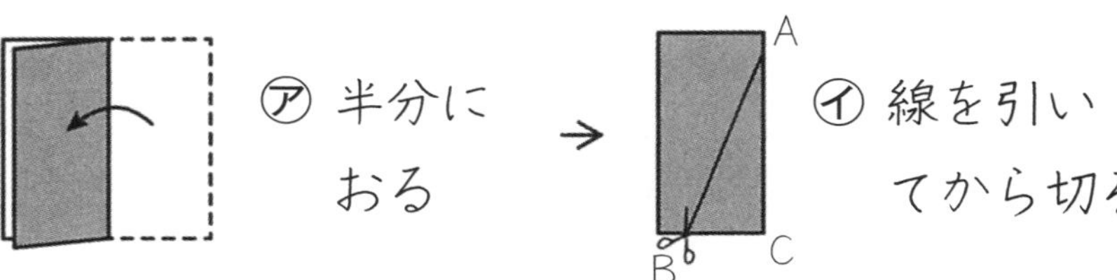

① 何という三角形ができますか。（20点）（　　　　　　　）
わけもかきましょう。（20点）

（　　　　　　　　　　　　　　　　　　　　　　）

② できた三角形が正三角形になるようにするには AB と BC の長さのかんけいをかきましょう。（20点）

（　　　　　　　　　　　　　　　　　　　　　　）

点

三角形 まとめ ⒁

名前

辺の長さが次(つぎ)の三角形をかきましょう。　（1つ20点）

① 4cm，4cm，4cm

② 5cm，5cm，5cm

③ 4cm，4cm，3cm

④ 4cm，4cm，5cm

⑤ 3cm，3cm，4cm

点

月　日

表とグラフ (1)

名前

✿ 学校で一週間に、けがをした人をしゅるいべつに分けた表(ひょう)です。

けがをした人

しゅるい	人　数	
つき指	正	
うちみ	正 T	
すりきず	正 正 下	
鼻(はな)　血(ぢ)	下	
切りきず	T	
こっせつ	一	

① 上の表の正(しょう)の字（５人）でかいている人数を、右のわくにかきましょう。

② けがをした人の人数を、多いじゅんに下の表にまとめましょう。

けがをした人

しゅるい	人数（人）
鼻　血	
その他(た)	
合　計	

③ 「その他」は、どんなけがですか。

（　　　　　　　）

（　　　　　　　）

④ 一番多いけがは何ですか。

（　　　　　　　）

表とグラフ (2)

名前

✿ グラフを見て、答えましょう。

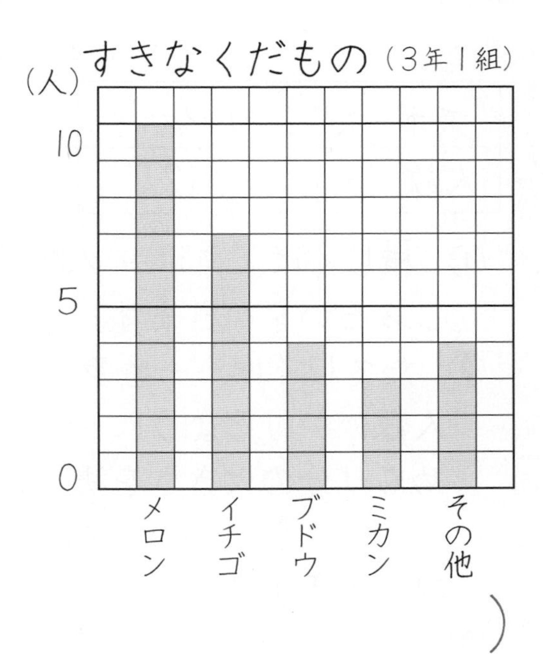

① 何について調べたグラフですか。

(　　　　　　　　　　)

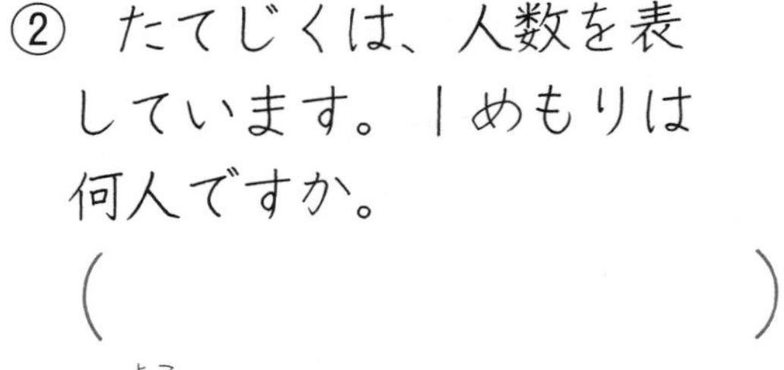

② たてじくは、人数を表しています。1めもりは何人ですか。

(　　　　　　　　　　)

③ 横じくには、何をかいていますか。

(　　　　　　　　　　)

④ すきな人が一番多いくだものは何ですか。

(　　　　　　　　　　)

⑤ グラフに表すとわかりやすくなることがあります。それは何ですか。

(　　　　　　　　　　)

上のグラフを **ぼうグラフ** といいます。ぼうグラフは、ふつう、大きいものじゅんに左からならべます。「その他」は一番右にします。

日、月、火、…、1年、2年、3年、…など、じゅんが決まっているものは、そのじゅんにならべます。

表とグラフ (3)

月　・　日

名前

1 下の表(ひょう)をぼうグラフに表(あらわ)しましょう。

すきなスポーツ

スポーツ	サッカー	野球(やきゅう)	ドッジボール	その他(た)
人数（人）	12	8	6	7

① 横(よこ)じくに、スポーツのしゅるいをかきます。

② たてじくに、一番多い人数がかけるように1めもり分の大きさを決(き)め、0、5、10などの数をかきます。

③ たてじくの一番上の（　）の中に、たんいをかきます。

④ 表題(ひょうだい)をかきます。

⑤ 人数にあわせて、ぼうをかきます。

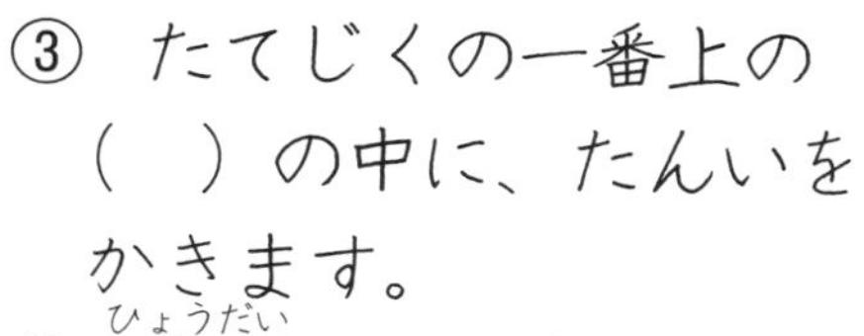

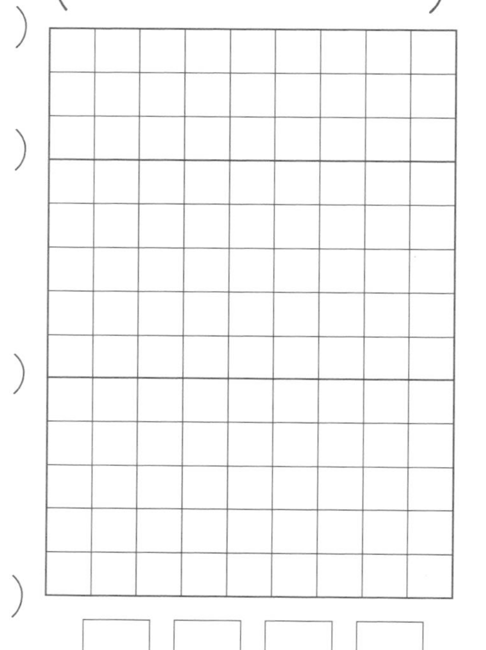

2 このグラフを見てわかることを、2つかきましょう。

①（　　　　　　　　　　　　　　　　　　）

②（　　　　　　　　　　　　　　　　　　）

表とグラフ (4)

月　日

名前

1　6月にほけん室に来た3年生の数を表しています。表のあいているところに数をかきましょう。

ほけん室に来た人（3年生）

学級／しゅるい	1組	2組	3組	合　計
すりきず	4	2	①	8
ふくつう	2	1	2	③
ずつう	1	②	0	④
切りきず	0	1	0	⑤
その他	1	1	1	⑥
合　計	⑦	6	⑧	⑨

2　上の表を見て、わかることを2つかきましょう。

①（　　　　　　　　　　　　　　　　　　　　　　）

②（　　　　　　　　　　　　　　　　　　　　　　）

3　次の①、②、③のぼうグラフで、たてのじくの1めもりが表している大きさと、ぼうが表している大きさをいいましょう。

①（人）

80
60
40
20
0

②（円）

30
20
10
0

③（人）

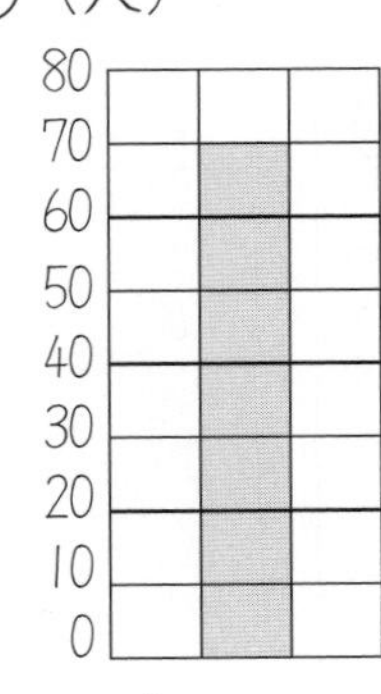

1めもり（　　　　）1めもり（　　　　）1めもり（　　　　）

ぼう（　　　　）ぼう（　　　　）ぼう（　　　　）

月　　日

表とグラフ まとめ ㉕

名前

3年生60人全員で「すきな動物調べ」をしました。

動物	きりん	ぞう	ライオン	とら	さる	その他	合計
人数（人）	15	14	10	8	6	7	60

ぼうグラフに表しましょう。

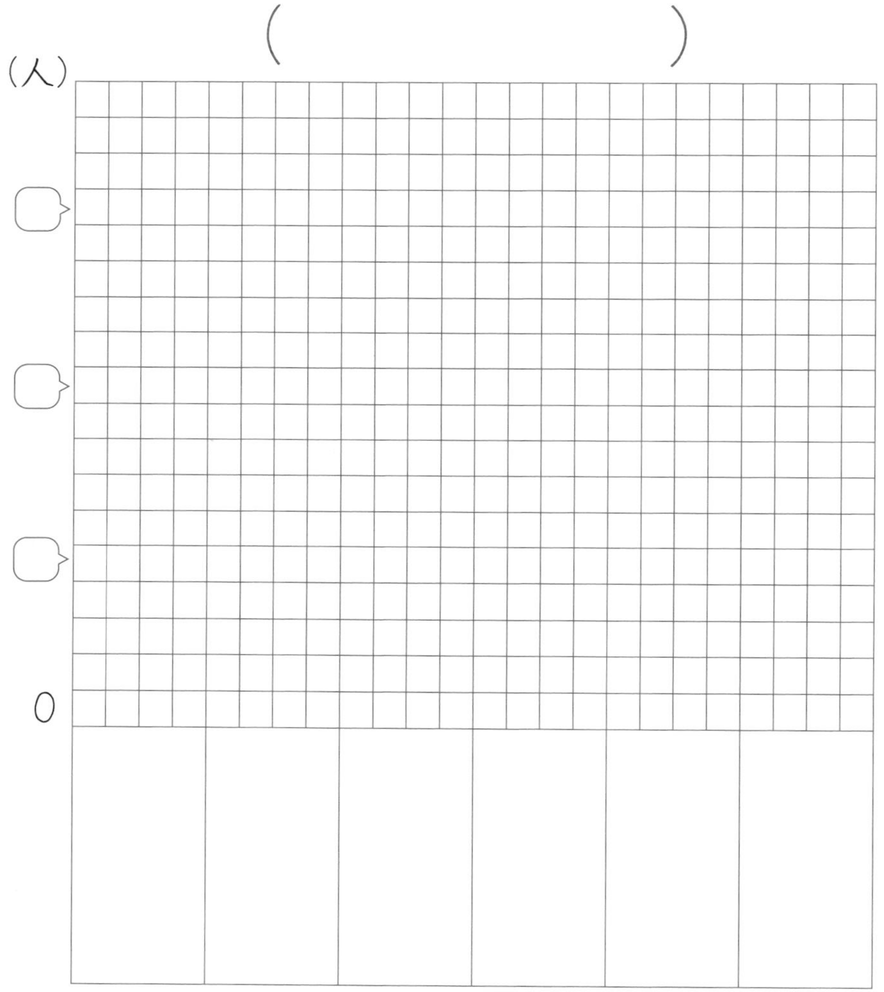

（題名10点、目もり各10点、ぼうグラフ1つ10点）

点

月　　日

表とグラフ まとめ (26)

名前

里山小学校で、10月にけがをした人数を、けがのしゅるいべつに表(ひょう)にしました。

① ㋐〜㋘にあてはまる数をかきましょう。　（1つ10点）

けが調べ（10月）　（人）

しゅるい	1年	2年	3年	4年	5年	6年	合計
きりきず	2	3	2	3	4	㋕	17
すりきず	㋐	5	3	5	㋔	5	25
うちみ	1	2	3	㋓	2	6	㋗
その他	2	㋑	2	1	2	㋖	10
合計	9	13	㋒	13	11	14	㋘

② ㋘の数は何を表していますか。（10点）（　　　　　　　）

点

□を使った式 (1)

名前

1 みかんが箱(はこ)に50こ入っていました。お母さんが近所(きんじょ)に□こあげたので、のこりが30こになりました。

① □を使(つか)って、話のじゅんに式(しき)に表(あらわ)しましょう。

式

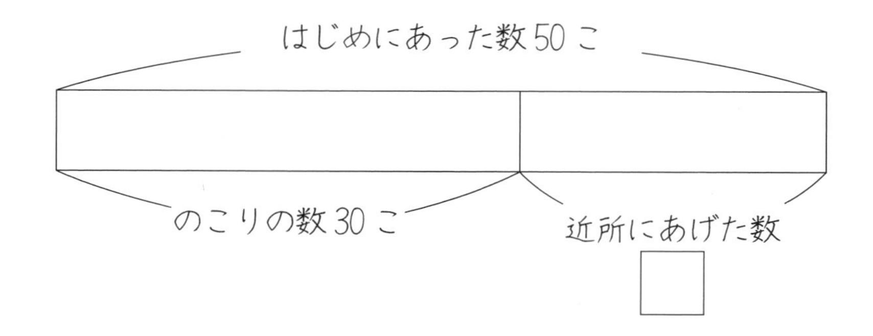

② 近所にあげたみかんの数をもとめましょう。

式

答え

2 みかんが箱に60こ入っています。おじさんがおみやげに、みかんを□こ持(も)ってきてくれました。みかんは全部(ぜんぶ)で80こになりました。

① □を使って、話のじゅんに式に表しましょう。

式

② おじさんがもってきてくれたみかんの数をもとめましょう。

式

答え

□を使った式 (2)

月　　日

名前

1 花のカードを 24 まい持っていました。兄から□まいもらったので、30 まいになりました。

① □を使って、話のじゅんに式に表しましょう。

式

② 兄からもらったまい数をもとめましょう。

式

答え

2 植物(しょくぶつ)のカードを□まい持っていました。妹に 12 まいあげたので、のこりが 28 まいになりました。

① □を使って、話のじゅんに式に表しましょう。

式

② はじめに持っていたカードの数は何まいですか。

式

答え

□を使った式 (3)

名前

1 あめが、□こずつ入ったふくろが5ふくろあります。あめは全部(ぜんぶ)で40こです。

① □を使(つか)って、話のじゅんに式(しき)に表(あらわ)しましょう。

式

② ふくろに、あめは何こずつ入っていましたか。

式

答え

2 35このももを、□この箱(はこ)に同じ数ずつ入れました。1箱分は7こになりました。

① □を使って、話のじゅんに式に表しましょう。

式

② 箱の数は何こですか。

式

答え

月　　日

□を使った式 (4)

1　1まい□円の画用紙が5まい40円で売っていました。

① □を使って、話のじゅんに式に表しましょう。

式

② この画用紙は1まい何円になるかもとめましょう。

式

答え

2　かんらん車にお客（きゃく）が□人ならんでいました。ゴンドラに4人ずつのってもらったら、20回で全員（ぜんいん）のることができました。

① □を使って、話のじゅんに式に表しましょう。

式

② かんらん車のお客は、何人ならんでいたかもとめましょう。

式

答え

答え

〔P. 3〕

①

5点	3点	1点	0点
1	0	2	2

② ㋐ 5×1＝5
　 ㋑ 1×2＝2
③ 3×0＝0
④ 0×2＝0

〔P. 4〕

1 ① 0　② 0　③ 0
　④ 0　⑤ 0　⑥ 0
　⑦ 0　⑧ 0　⑨ 0

2 ① 0　② 0　③ 0
　④ 0　⑤ 0　⑥ 0
　⑦ 0　⑧ 0　⑨ 0

〔P. 5〕

×		かける数									
		0	1	2	3	4	5	6	7	8	9
かけられる数	0	0	0	0	0	0	0	0	0	0	0
	1	0	1	2	3	4	5	6	7	8	9
	2	0	2	4	6	8	10	12	14	16	18
	3	0	3	6	9	12	15	18	21	24	27
	4	0	4	8	12	16	20	24	28	32	36
	5	0	5	10	15	20	25	30	35	40	45
	6	0	6	12	18	24	30	36	42	48	54
	7	0	7	14	21	28	35	42	49	56	63
	8	0	8	16	24	32	40	48	56	64	72
	9	0	9	18	27	36	45	54	63	72	81

〔P. 6〕

1 ① ㋐ 3　㋑ 2
2 4，4

〔P. 7〕

1 ① 3×4＝12　12こ
　② 4×3＝12　12こ
2 ① 4　② 5
　③ 7　④ 7
　⑤ 6　⑥ 4

〔P. 8〕

① 974　② 967　③ 794
④ 647　⑤ 883　⑥ 578
⑦ 896　⑧ 996　⑨ 299
⑩ 195　⑪ 229　⑫ 507

〔P. 9〕

① 853　② 982　③ 590
④ 474　⑤ 372　⑥ 283
⑦ 261　⑧ 654　⑨ 360
⑩ 867　⑪ 719　⑫ 406

〔P. 10〕

① 961　② 443　③ 747
④ 621　⑤ 754　⑥ 860
⑦ 610　⑧ 910　⑨ 811
⑩ 851　⑪ 716　⑫ 711

〔P. 11〕

① 601　② 803　③ 604
④ 702　⑤ 800　⑥ 600
⑦ 900　⑧ 606　⑨ 500
⑩ 300　⑪ 404　⑫ 202

〔P. 12〕

① 885　② 864　③ 720
④ 865　⑤ 601　⑥ 798
⑦ 383　⑧ 912　⑨ 601
⑩ 600

〔P. 13〕

① 478　② 599　③ 911
④ 772　⑤ 726　⑥ 475
⑦ 967　⑧ 807　⑨ 665
⑩ 704

〔P. 14〕

① 165　② 524　③ 343
④ 363　⑤ 215　⑥ 348
⑦ 128　⑧ 315　⑨ 401

⑩ 600　⑪ 622　⑫ 580

〔P. 15〕

① 438　② 217　③ 663
④ 729　⑤ 411　⑥ 665
⑦ 364　⑧ 160　⑨ 52
⑩ 833　⑪ 662　⑫ 550

〔P. 16〕

① 276　② 657　③ 485
④ 262　⑤ 179　⑥ 254
⑦ 297　⑧ 398　⑨ 396
⑩ 88　⑪ 98　⑫ 70

〔P. 17〕

① 479　② 213　③ 486
④ 355　⑤ 213　⑥ 527
⑦ 213　⑧ 475　⑨ 9
⑩ 89　⑪ 298　⑫ 94

〔P. 18〕

① 434　② 275　③ 466
④ 342　⑤ 423　⑥ 456
⑦ 393　⑧ 517　⑨ 182
⑩ 323

〔P. 19〕

① 510　② 358　③ 313
④ 408　⑤ 407　⑥ 771
⑦ 232　⑧ 365　⑨ 168
⑩ 384

〔P. 20〕

① 9475　② 31877
③ 1652　④ 57849
⑤ 7378　⑥ 49927
⑦ 8401　⑧ 78927

〔P. 21〕

① 2132　② 23130
③ 1122　④ 18160
⑤ 756　⑥ 4856
⑦ 1798　⑧ 7889

〔P. 22〕

1 10時30分－45分＝9時45分
午前9時45分
2 1時15分－30分＝0時45分
午後0時45分
3 正午から午後2時33分まで2時間33分
3時間37分－2時間33分＝1時間4分
正午より1時間4分前の時こくは
午前10時56分

〔P. 23〕

1 9時50分＋45分＝10時35分
午前10時35分
2 3時40分＋30分＝4時10分
午後4時10分
3 午前8時59分から正午まで3時間1分
4時間10分－3時間1分＝1時間9分
正午から1時間9分後は、午後1時9分

〔P. 24〕

1 ① 90秒　② 170秒
③ 190秒　④ 240秒
2 ① 1分35秒　② 2分30秒
③ 3分20秒　④ 4分10秒

〔P. 25〕

1 ① 60秒　② 70秒
③ 120秒　④ 140秒
⑤ 180秒　⑥ 210秒
2 ① 1分10秒　② 1分30秒
③ 2分10秒　④ 2分30秒
⑤ 3分10秒　⑥ 3分30秒
3 46－34＝12　12秒

〔P. 26〕

① 84　② 99　③ 60　④ 84
⑤ 156　⑥ 168　⑦ 328　⑧ 186
⑨ 142　⑩ 249　⑪ 455　⑫ 129

〔P. 27〕

① 78　② 58　③ 75　④ 51
⑤ 87　⑥ 96　⑦ 68　⑧ 72
⑨ 162　⑩ 104　⑪ 105　⑫ 128

〔P. 28〕

① 188 ② 324 ③ 195 ④ 144
⑤ 528 ⑥ 316 ⑦ 531 ⑧ 408
⑨ 234 ⑩ 224 ⑪ 322 ⑫ 201

〔P. 29〕

① 488 ② 966 ③ 468
④ 1028 ⑤ 1896 ⑥ 2848
⑦ 2469 ⑧ 1888 ⑨ 1839

〔P. 30〕

① 2595 ② 3672 ③ 1690
④ 2980 ⑤ 2358 ⑥ 2316
⑦ 5898 ⑧ 4466 ⑨ 6032

〔P. 31〕

① 7560 ② 4560 ③ 2035
④ 2100 ⑤ 1800 ⑥ 2754
⑦ 2800 ⑧ 1020 ⑨ 2432

〔P. 32〕

1
① 81 ② 272 ③ 244 ④ 292
⑤ 258 ⑥ 891 ⑦ 96 ⑧ 522
⑨ 224 ⑩ 216 ⑪ 406 ⑫ 235

2 12×8＝96 96本

〔P. 33〕

① 868 ② 2090 ③ 6208
④ 7875 ⑤ 3240 ⑥ 1863
⑦ 1260 ⑧ 1230 ⑨ 6912
⑩ 1974

〔P. 34〕

① 4 ② 4 ③ 2 ④ 5
⑤ 2 ⑥ 5 ⑦ 8 ⑧ 6
⑨ 2 ⑩ 3 ⑪ 6 ⑫ 2
⑬ 7 ⑭ 2 ⑮ 7 ⑯ 2
⑰ 4 ⑱ 3 ⑲ 6 ⑳ 3
㉑ 3 ㉒ 7 ㉓ 3 ㉔ 5
㉕ 3 ㉖ 7 ㉗ 8 ㉘ 4
㉙ 4 ㉚ 5

〔P. 35〕

① 9 ② 6 ③ 8 ④ 7
⑤ 7 ⑥ 4 ⑦ 4 ⑧ 5
⑨ 9 ⑩ 6 ⑪ 6 ⑫ 5
⑬ 7 ⑭ 8 ⑮ 8 ⑯ 5
⑰ 9 ⑱ 6 ⑲ 6 ⑳ 9
㉑ 5 ㉒ 7 ㉓ 9 ㉔ 9
㉕ 8 ㉖ 8 ㉗ 8 ㉘ 9
㉙ 8 ㉚ 9

〔P. 36〕

12÷4＝3 3こ

〔P. 37〕

1 18÷6＝3 3こ
2 35÷5＝7 7本
3 64÷8＝8 8まい
4 56÷7＝8 8こ

〔P. 38〕

12÷3＝4 4人

〔P. 39〕

1 24÷6＝4 4ふくろ
2 15÷5＝3 3人
3 12÷2＝6 6本
4 32÷4＝8 8箱

〔P. 40〕

① 9 ② 8
③ 5 ④ 8
⑤ 9 ⑥ 8

〔P. 41〕

1 アの箱 6÷3＝2 2こ
イの箱 3÷3＝1 1こ
ウの箱 0÷3＝0 0こ

2 2÷1＝2 2こ

3 ① 0 ② 0 ③ 0
④ 0 ⑤ 0 ⑥ 3
⑦ 5 ⑧ 6 ⑨ 8

〔P. 42〕

① 6　② 2　③ 2　④ 4
⑤ 9　⑥ 3　⑦ 2　⑧ 3
⑨ 2　⑩ 1　⑪ 4　⑫ 4
⑬ 0　⑭ 1　⑮ 3　⑯ 3
⑰ 2　⑱ 4　⑲ 1　⑳ 0
㉑ 7　㉒ 1　㉓ 4　㉔ 3
㉕ 1　㉖ 1　㉗ 2　㉘ 1
㉙ 0　㉚ 2

〔P. 43〕

① 3　② 0　③ 2　④ 3
⑤ 2　⑥ 3　⑦ 5　⑧ 0
⑨ 5　⑩ 7　⑪ 5　⑫ 9
⑬ 6　⑭ 6　⑮ 4　⑯ 6
⑰ 6　⑱ 7　⑲ 8　⑳ 0
㉑ 7　㉒ 8　㉓ 7　㉔ 8
㉕ 8　㉖ 9　㉗ 0　㉘ 5
㉙ 8　㉚ 1

〔P. 44〕

① 9　② 6　③ 0　④ 6
⑤ 4　⑥ 5　⑦ 8　⑧ 9
⑨ 4　⑩ 5　⑪ 6　⑫ 5
⑬ 9　⑭ 7　⑮ 3　⑯ 6
⑰ 9　⑱ 6　⑲ 6　⑳ 7
㉑ 7　㉒ 9　㉓ 4　㉔ 5
㉕ 8　㉖ 8　㉗ 5　㉘ 8
㉙ 9　㉚ 7

〔P. 45〕

① 5　② 5　③ 9　④ 7
⑤ 8　⑥ 6　⑦ 2　⑧ 4
⑨ 4　⑩ 0　⑪ 5　⑫ 9
⑬ 3　⑭ 9　⑮ 4　⑯ 8
⑰ 9　⑱ 8　⑲ 7　⑳ 8
㉑ 5　㉒ 8　㉓ 8　㉔ 3
㉕ 7　㉖ 5　㉗ 7　㉘ 3
㉙ 9　㉚ 7

〔P. 46〕

1
① 2　② 2　③ 4　④ 9
⑤ 3　⑥ 3　⑦ 2　⑧ 3
⑨ 2　⑩ 4　⑪ 3　⑫ 4
⑬ 3　⑭ 2　⑮ 9　⑯ 9
⑰ 7　⑱ 7　⑲ 7　⑳ 6

2 40 ÷ 5 = 8　8たば

〔P. 47〕

1
① 6　② 4　③ 5　④ 9
⑤ 4　⑥ 6　⑦ 5　⑧ 7
⑨ 3　⑩ 6　⑪ 9　⑫ 7
⑬ 9　⑭ 4　⑮ 5　⑯ 8
⑰ 8　⑱ 5　⑲ 8　⑳ 9

2 32 ÷ 4 = 8　8人

〔P. 48〕

① 六十二万三千六百四十五
② 五十七万七千七百三
③ 八十万五千百

〔P. 49〕

1 九百五十一万千九百七十二

2

	千	百	十	一 万	千	百	十	一
①	1	4	0	6	4	0	0	0
②		9	2	4	0	0	0	0
③		8	8	4	2	0	0	0

3

①	3	8	2	3	9	6	5	1
②	8	0	6	7	2	9	4	0
③		8	0	3	9	6	1	7
④	7	0	0	8	5	0	4	6

〔P. 50〕

1
① 8347⌇9165　② 835⌇9671
③ 4730⌇9532　④ 3700⌇4020
⑤ 9804⌇3746　⑥ 8050⌇0708

2 ① 25760000　② 84030000

3 ① 82　② 25　③ 250

〔P. 51〕

1 ① 500000　② 1200000
③ 3000000　④ 4600000

2

1000000　2000000　3000000　4000000　5000000
↑①　↑②　↑⑤　↑③　↑⑥　↑④

3 10万（100000）
4 ① 2300万　② 8400万
5 10000000

〔P. 52〕

1 一億二千六百二十二万
六千五百六十八
2 中国　十四億四千百八十六万
インド　十三億六千六百四十一万八千
アメリカ　三億二千九百六万五千
インドネシア　二億七千六十二万六千
パキスタン　二億千六百五十六万五千

〔P. 53〕

1 250円
2 ① 23700　② 45000
3 25円
4 ① 35　② 40

〔P. 54〕

1 ① 2358679　② 31002001
③ 72500300　④ 72000000
⑤ 100000000（1億）
2 ① 4000　② 16000
③ 30000　④ 38000
⑤ 47000
3 ① 22万　② 24万
③ 25万　④ 26万
⑤ 90万　⑥ 92万
⑦ 93万　⑧ 94万

〔P. 55〕

1 ① 2530　② 47100
③ 635000　④ 67
⑤ 57　⑥ 81
⑦ 89万　⑧ 72万
⑨ 63万　⑩ 17万
2 ① 33756 ＞ 33356
② 42638 ＜ 43638
③ 59081 ＞ 5968
④ 7281 ＜ 72801
⑤ 56万 ＝ 60万－4万
⑥ 13万＋12万 ＞ 20万

〔P. 56〕

① 14÷4
⑤ 1人分3こで、2こあまる

〔P. 57〕

1 ① 1つずつ　② 3
2 ① ○　② 4あまり1
③ 4あまり3　④ 4あまり1
3 50÷7＝7あまり1
1人分7こで、1こあまる

〔P. 58〕

① 9…2　② 6…1
③ 7…3　④ 9…2
⑤ 8…2　⑥ 7…3
⑦ 9…1　⑧ 3…4
⑨ 6…1　⑩ 8…1
⑪ 9…2　⑫ 4…1
⑬ 9…4　⑭ 2…1
⑮ 6…3　⑯ 1…3
⑰ 6…6　⑱ 4…1
⑲ 8…2　⑳ 8…1
㉑ 6…2　㉒ 9…7
㉓ 9…4　㉔ 2…3
㉕ 5…4

〔P. 59〕

① 7…3　② 2…2
③ 3…6　④ 7…2
⑤ 8…4　⑥ 7…1
⑦ 7…1　⑧ 7…1
⑨ 6…1　⑩ 8…3
⑪ 5…3　⑫ 7…4
⑬ 7…2　⑭ 5…1
⑮ 9…1　⑯ 3…5

⑰ 7…2　⑱ 5…1
⑲ 5…1　⑳ 5…3
㉑ 2…2　㉒ 8…1
㉓ 9…6　㉔ 7…1
㉕ 9…3

〔P. 60〕
① 5…2　② 2…1
③ 2…4　④ 8…2
⑤ 2…1　⑥ 3…4
⑦ 6…2　⑧ 4…3
⑨ 9…6　⑩ 7…1
⑪ 2…3　⑫ 6…3
⑬ 1…4　⑭ 2…2
⑮ 8…1　⑯ 9…2
⑰ 6…1　⑱ 5…6
⑲ 7…6　⑳ 4…2
㉑ 9…1　㉒ 8…3
㉓ 4…2　㉔ 3…1
㉕ 8…2

〔P. 61〕
① 9…3　② 1…2
③ 7…2　④ 9…2
⑤ 2…1　⑥ 4…2
⑦ 6…2　⑧ 8…2
⑨ 4…3　⑩ 7…2
⑪ 3…3　⑫ 4…2
⑬ 6…4　⑭ 5…3
⑮ 8…1　⑯ 4…4
⑰ 6…1　⑱ 2…5
⑲ 1…2　⑳ 9…1
㉑ 6…2　㉒ 6…1
㉓ 2…4　㉔ 5…4
㉕ 6…1

〔P. 62〕
1 3×5+1=16
2 ① 6…1　2×6+1=13
② 6…2　4×6+2=26
3 65÷7=9…2　9ふくろ
4 26÷3=8…2　全員すわるので
8+1=9　9きゃく

〔P. 63〕
① 3…5　② 1…6
③ 1…6　④ 2…6
⑤ 6…4　⑥ 1…7
⑦ 1…7　⑧ 6…5
⑨ 1…8　⑩ 4…2
⑪ 2…2　⑫ 4…4
⑬ 2…3　⑭ 8…2
⑮ 2…4　⑯ 2…4
⑰ 4…5　⑱ 2…5
⑲ 8…3　⑳ 2…5
㉑ 2…6　㉒ 8…4
㉓ 2…7　㉔ 4…3
㉕ 2…8

〔P. 64〕
① 3…3　② 8…5
③ 3…4　④ 2…6
⑤ 4…6　⑥ 3…5
⑦ 2…7　⑧ 5…5
⑨ 3…6　⑩ 3…6
⑪ 3…7　⑫ 3…7
⑬ 3…8　⑭ 6…2
⑮ 4…4　⑯ 4…3
⑰ 4…5　⑱ 6…3
⑲ 7…1　⑳ 4…6
㉑ 6…4　㉒ 8…6
㉓ 4…7　㉔ 6…5
㉕ 4…8

〔P. 65〕
① 7…2　② 5…5
③ 6…6　④ 5…6
⑤ 7…3　⑥ 5…7
⑦ 6…7　⑧ 5…8
⑨ 7…4　⑩ 7…4
⑪ 6…6　⑫ 7…5
⑬ 6…7　⑭ 8…7
⑮ 7…5　⑯ 6…8
⑰ 7…6　⑱ 7…7
⑲ 7…6　⑳ 7…8
㉑ 7…7　㉒ 8…4
㉓ 8…8　㉔ 8…6

㉕ 8…5

〔P. 66〕

① 3…3 ② 8…5
③ 3…4 ④ 2…6
⑤ 4…6 ⑥ 3…5
⑦ 2…7 ⑧ 5…5
⑨ 3…6 ⑩ 3…6
⑪ 3…7 ⑫ 3…7
⑬ 3…8 ⑭ 6…2
⑮ 4…4 ⑯ 4…3
⑰ 4…5 ⑱ 6…3
⑲ 7…1 ⑳ 4…6
㉑ 6…4 ㉒ 8…6
㉓ 4…7 ㉔ 6…5
㉕ 4…8

〔P. 67〕

① 7…2 ② 5…5
③ 6…6 ④ 5…6
⑤ 7…3 ⑥ 5…7
⑦ 6…7 ⑧ 5…8
⑨ 7…4 ⑩ 7…4
⑪ 6…6 ⑫ 7…5
⑬ 6…7 ⑭ 8…7
⑮ 7…5 ⑯ 6…8
⑰ 7…6 ⑱ 7…7
⑲ 7…6 ⑳ 7…8
㉑ 7…7 ㉒ 8…4
㉓ 8…8 ㉔ 8…6
㉕ 8…5

〔P. 68〕

1
① 7…1 ② 9…1
③ 2…1 ④ 5…2
⑤ 4…1 ⑥ 7…2
⑦ 6…3 ⑧ 2…2
⑨ 8…1 ⑩ 9…2
⑪ 2…8 ⑫ 3…6
⑬ 4…5 ⑭ 1…6
⑮ 7…1 ⑯ 2…4
⑰ 4…3 ⑱ 6…4
⑲ 6…8 ⑳ 8…2

2 25÷3＝8…1 8パック

〔P. 69〕

1
① 5…1 ② 7…6
③ 6…3 ④ 9…2
⑤ 9…1 ⑥ 8…1
⑦ 4…1 ⑧ 9…1
⑨ 8…2 ⑩ 6…1
⑪ 5…5 ⑫ 8…7
⑬ 1…5 ⑭ 4…5
⑮ 2…4 ⑯ 1…3
⑰ 7…3 ⑱ 5…5
⑲ 1…5 ⑳ 2…6

2 24÷5＝4…4
4＋1＝5 5だん

〔P. 70〕

① 759 ② 516 ③ 714

〔P. 71〕

① 992 ② 903 ③ 736
④ 510 ⑤ 845 ⑥ 752
⑦ 792 ⑧ 810 ⑨ 816

〔P. 72〕

① 2774 ② 3854 ③ 1728

〔P. 73〕

① 3243 ② 3384 ③ 2592

〔P. 74〕

① 2457 ② 1350 ③ 1484
④ 6715 ⑤ 7220 ⑥ 6045
⑦ 3276 ⑧ 3216 ⑨ 2964

〔P. 75〕

① 6622 ② 2508 ③ 1222
④ 1392 ⑤ 1332 ⑥ 6675
⑦ 2380 ⑧ 3358 ⑨ 3332

〔P. 76〕

① 960 ② 840 ③ 6840
④ 4060 ⑤ 460 ⑥ 2940

⑦ 3150　⑧ 5680　⑨ 3920

〔P. 77〕

① 9460　② 7176　③ 4893

〔P. 78〕

① 7222　② 4108　③ 5100
④ 8487　⑤ 7412　⑥ 8448
⑦ 7396　⑧ 8835　⑨ 8358

〔P. 79〕

① 8892　② 22516　③ 15996
④ 6792　⑤ 15652　⑥ 48425
⑦ 9758　⑧ 42891　⑨ 82147

〔P. 80〕

1 ① 6612　② 2448　③ 2914
④ 2482　⑤ 2064　⑥ 3115

2 28 × 48 = 1344　1344 こ

〔P. 81〕

1 ① 77280　② 36946　③ 16356
④ 62264　⑤ 41472　⑥ 36225

2 450 × 38 = 17100　17100 円

〔P. 82〕

1 0.5L

2 2.7L

3 1L　1L

〔P. 83〕

1 ① 0.4　② 0.7　③ 0.9

2 ① 1.4　② 1.7　③ 2.1

〔P. 84〕

1 ① 0.1　② 0.8　③ 1.5
④ 1.9　⑤ 2.6

2 0　1　2　3　4
ア　イ　ウ　エ　オ

3 ① <　② <　③ >　④ <
⑤ <　⑥ <

〔P. 85〕

1 ① 1.8　② 2.4
③ 3.2　④ 4.5

2 ① 1.8　② 2.5
③ 3.1　④ 4.7

3 ① 8　② 13　③ 26
④ 3, 4　⑤ 5, 9

〔P. 86〕

① 2.6　② 3.9
③ 6.9　④ 4.8
⑤ 9.5　⑥ 7.4
⑦ 9.2　⑧ 9.1
⑨ 12　⑩ 14
⑪ 19　⑫ 10

〔P. 87〕

① 3.3　② 2.1
③ 1.3　④ 2.4
⑤ 3.7　⑥ 5.6
⑦ 2.6　⑧ 7.5
⑨ 3　⑩ 5
⑪ 4　⑫ 3

〔P. 88〕

1 ① 0.7　② 2.3　③ 2.5　④ 3.4

2 ① 9　② 18　③ 4, 2

3 ① 8.2　② 10　③ 1.9　④ 0.4

4 ① <　② >　③ =　④ >

〔P. 89〕

1 ① 10.3　② 10.5　③ 10.3
④ 11.6　⑤ 8　⑥ 11
⑦ 6.5　⑧ 3.6　⑨ 3.5
⑩ 0.3　⑪ 1　⑫ 4

2 2.3 − 0.4 = 1.9　1.9L

〔P. 90〕

1 ① $\frac{3}{4}$L　② $\frac{2}{5}$L　③ $\frac{3}{8}$L

2 ①　②　③

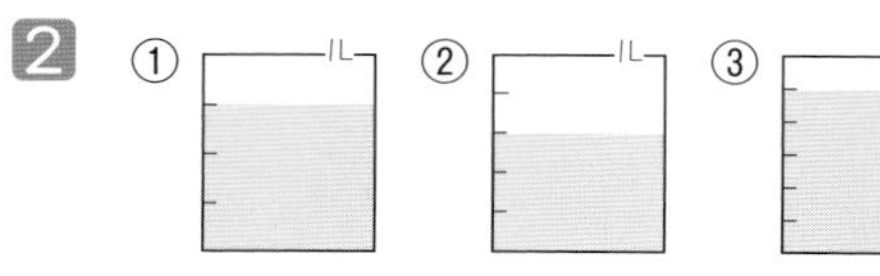

〔P. 91〕

1 ① $\frac{3}{4}$m　② $\frac{2}{5}$m

2

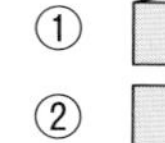

① ②
1m

3 ① 1m $=\frac{4}{4}$m

② ㋐ 5　㋑ 1　㋒ 6

〔P. 92〕

① $\frac{2}{3}$　② $\frac{5}{7}$　③ $\frac{4}{5}$　④ $\frac{5}{9}$

⑤ $\frac{5}{6}$　⑥ $\frac{7}{8}$　⑦ $\frac{3}{4}$　⑧ $\frac{9}{10}$

〔P. 93〕

① $\frac{1}{5}$　② $\frac{3}{8}$　③ $\frac{4}{7}$　④ $\frac{4}{9}$

⑤ $\frac{3}{10}$　⑥ $\frac{1}{4}$　⑦ $\frac{1}{6}$　⑧ $\frac{1}{3}$

〔P. 94〕

1 ① $\frac{5}{5}=1$　② $\frac{8}{8}=1$

③ $\frac{7}{7}=1$　④ $\frac{9}{9}=1$

⑤ $\frac{4}{4}=1$　⑥ $\frac{8}{8}=1$

2 ① $\frac{6}{6}-\frac{1}{6}=\frac{5}{6}$　② $\frac{3}{3}-\frac{1}{3}=\frac{2}{3}$

③ $\frac{5}{5}-\frac{3}{5}=\frac{2}{5}$　④ $\frac{7}{7}-\frac{4}{7}=\frac{3}{7}$

⑤ $\frac{8}{8}-\frac{5}{8}=\frac{3}{8}$

〔P. 95〕

1 ① $\frac{9}{10}$　② 1　③ $\frac{7}{10}$

④ 0.3　⑤ $\frac{1}{10}$　⑥ 0.5

2 ① $<$　② $=$　③ $=$　④ $>$
⑤ $<$　⑥ $>$

〔P. 96〕

1 ① $\frac{3}{4}$　② $\frac{1}{5}$　③ $\frac{1}{6}$　④ $\frac{5}{7}$

⑤ $\frac{3}{8}$　⑥ $\frac{8}{9}$　⑦ $\frac{9}{10}$　⑧ $\frac{1}{3}$

⑨ $\frac{4}{11}$　⑩ $\frac{11}{12}$

2 ① $\frac{3}{10}$　② 0.6　③ 0.4

④ $\frac{7}{10}$　⑤ 0.5　⑥ $\frac{9}{10}$

〔P. 97〕

1 ① $\frac{3}{5}$　② $\frac{3}{11}$　③ $\frac{2}{5}$　④ $\frac{4}{7}$

⑤ $\frac{4}{5}$　⑥ $\frac{3}{7}$　⑦ $\frac{5}{5}=1$

⑧ $\frac{3}{5}$　⑨ $\frac{8}{8}=1$　⑩ $\frac{8}{9}$

2 ① $<$　② $=$　③ $>$　④ $>$
⑤ $>$　⑥ $=$

〔P. 98〕

1 1m30cm

2 ㋐ 2m　㋑ 2m50cm　㋒ 2m90cm

〔P. 99〕

1 ① 500＋510＝1010　1010m
② 550＋900＝1450　1450m

2 810m

〔P. 100〕

1 （しょうりゃく）

2 1km450m

3 ① 1km110m　② 2km500m
③ 3km30m

4 ① 6932m　② 7050m
③ 1600m

〔P. 101〕

① 6km　② 11km
③ 6km　④ 5km
⑤ 5km500m　⑥ 9km100m
⑦ 2km400m　⑧ 3km700m

〔P. 102〕

1 （しょうりゃく）

2 ① 300g　② 50g　③ 550g

〔P. 103〕

1 （しょうりゃく）

2 ① 1kg　② 2kg　③ 3kg

3 ① 1kg200g　② 1kg850g

4 ①　②

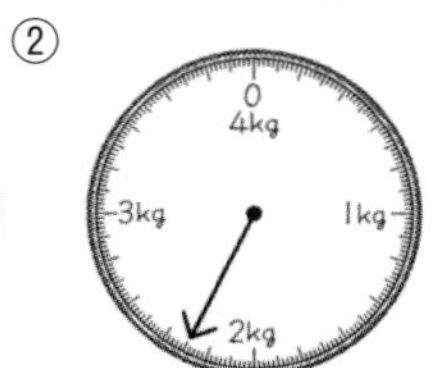

〔P. 104〕

1 ① 1700g　② 2230g
③ 1kg600g　④ 2kg400g

2 ① 1kg240g　② 1kg670g
③ 4kg680g　④ 800g
⑤ 4kg100g　⑥ 2kg400g

〔P. 105〕

1 （しょうりゃく）

2 ① t　② kg，kg，t

3 ① 1000　② 1000

〔P. 106〕

1 ㋐ 9m　㋑ 9m52cm
㋒ 9m93cm

2 ① cm　② m　③ km

3 ① ㋑　② ㋐

4 ① 5km800m，5800m
② 2km500m，2500m

〔P. 107〕

1 ① g　② g　③ kg　④ kg

2 ① 600＋550＝1150
1150gまたは1kg150g
② 1kg500g＝1500g
1500－600＝900　900g

3 ① 1190g（1kg190g）
② 1kg900g

〔P. 108〕

① イ　② 円の中心

〔P. 109〕

（しょうりゃく）

〔P. 110〕答えはちぢめて示しています。

1

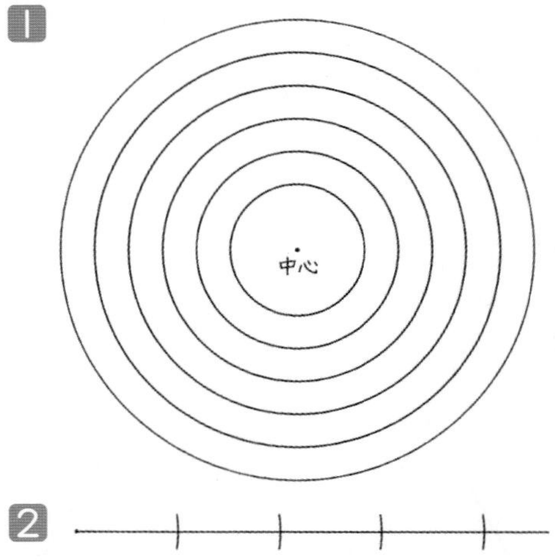

2

〔P. 111〕

1 ① ㋐ 中心　㋑ 直径　㋒ 半径
② 円

2 ① 16÷2＝8　8cm

② 8×3＝24　24cm

〔P. 112〕

1 ① 中心　② 直径　③ 半径
④ 2　⑤ 中心

2 円

3

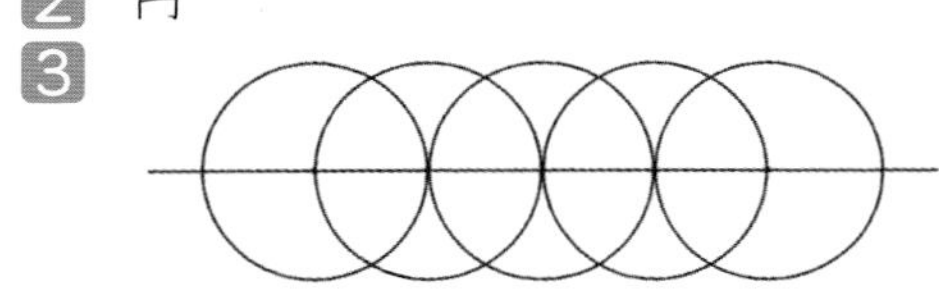

〔P. 113〕

1 ① あ 中心　い 直径　う 半径
② 円
③ 10cm

2 ① 24÷3＝8　8cm
② 8÷2＝4　4cm
③ 8×2＝16　16cm

〔P. 114〕

正三角形　あ，く
二等辺三角形　い，え，お
直角三角形　う，か
その他の三角形　き

〔P. 115〕

①

②

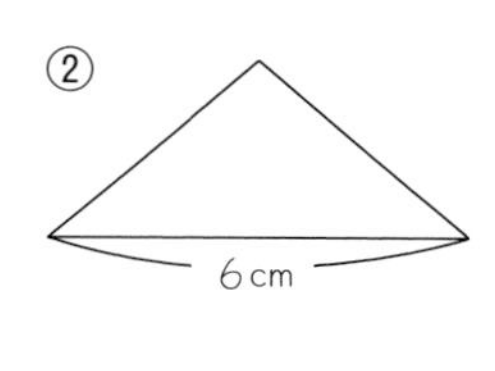

〔P. 116〕

①

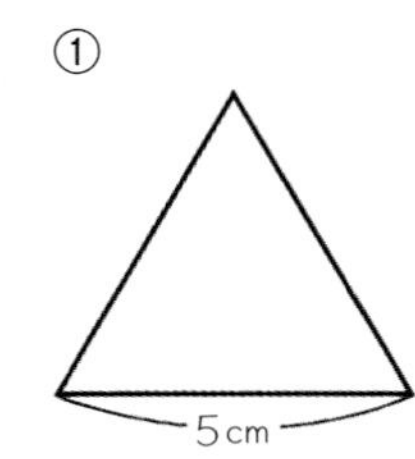

②

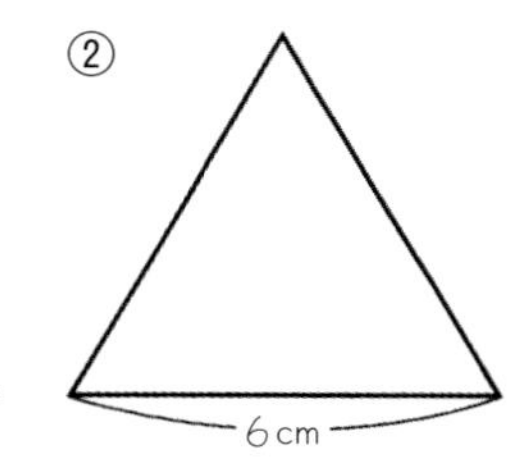

〔P. 117〕

（しょうりゃく）

〔P. 118〕

1

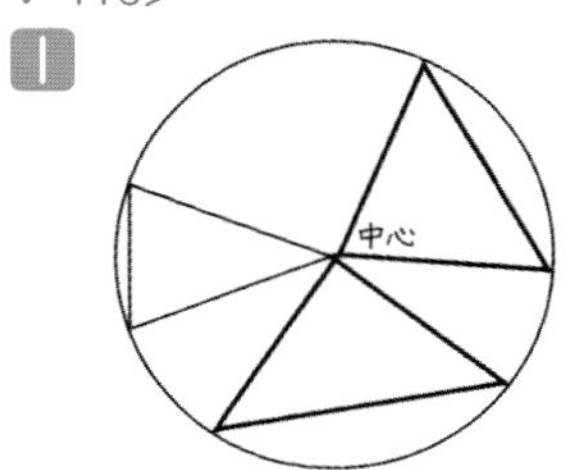

円の半径はどこも同じ長さだから

2

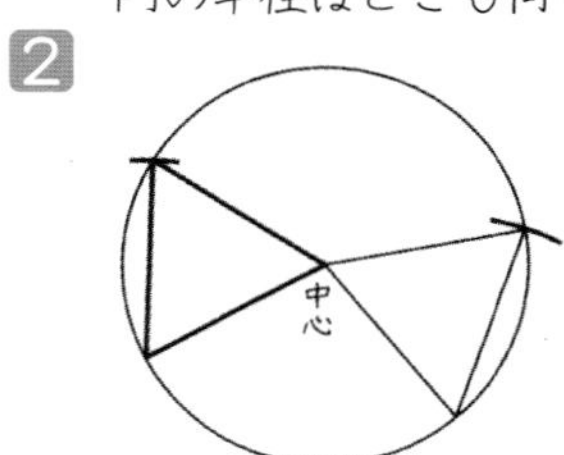

〔P. 119〕

1 ① 二等辺三角形
② 正三角形
③ 二等辺三角形(直角二等辺三角形)

〔P. 120〕

1 ① 二等辺三角形　② 正三角形
③ 正三角形　④ 二等辺三角形

2 ① 二等辺三角形
2つの辺の長さが等しいから
② AB÷2＝BC になるようにする

〔P. 121〕

①

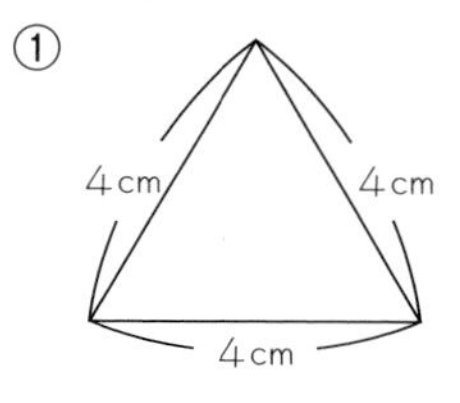

②

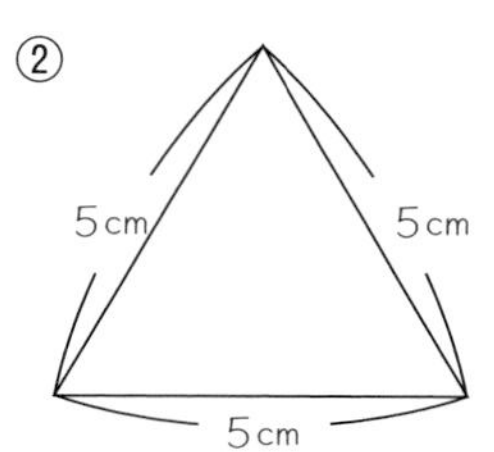

③

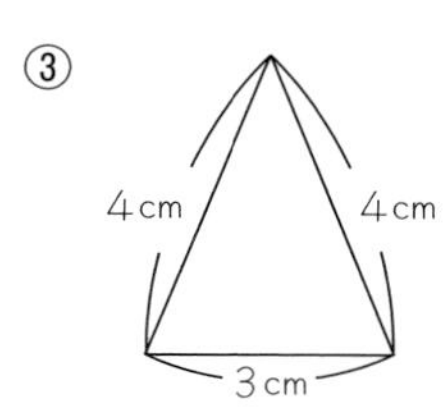

④

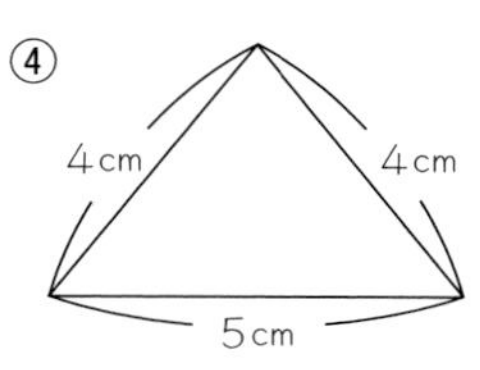

⑤

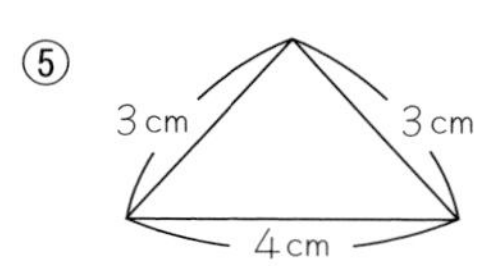

〔P. 122〕

① けがをした人

しゅるい	人　数	
つき指	正	4
うちみ	正T	7
すりきず	正正下	13
鼻　血	下	3
切りきず	T	2
こっせつ	一	1

② けがをした人

しゅるい	人数（人）
すりきず	13
うちみ	7
つき指	4
鼻　血	3
その他	3
合　計	30

③ 切りきず，こっせつ　　④ すりきず

〔P. 123〕

① すきなくだもの　　② 1人

③ くだもののしゅるい　　④ メロン

⑤ 高さが高いほどすきな人が多いことが一目でわかるから（など）

〔P. 124〕

1

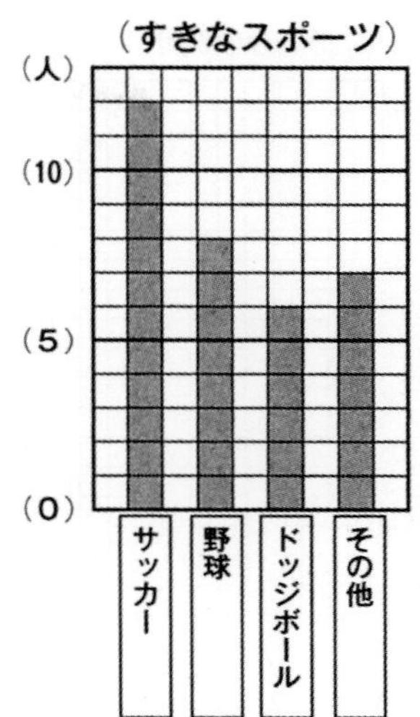

2
- サッカーがすきな人がいちばん多い
- 2番目に多いのは野球
- サッカーはドッジボールがすきな人の2倍（など）

〔P. 125〕

1 ほけん室に来た人（3年生）

学級＼しゅるい	1組	2組	3組	合　計
すりきず	4	2	① 2	8
ふくつう	2	1	2	③ 5
ずつう	1	② 1	0	④ 2
切りきず	0	1	0	⑤ 1
その他	1	1	1	⑥ 3
合　計	⑦ 8	6	⑧ 5	⑨ 19

2 ① 1組の人が多い

② すりきずの人が多い

3 ① 5人，70人　　② 2円，18円

③ 10人，70人

〔P. 126〕

（すきな動物調べ）

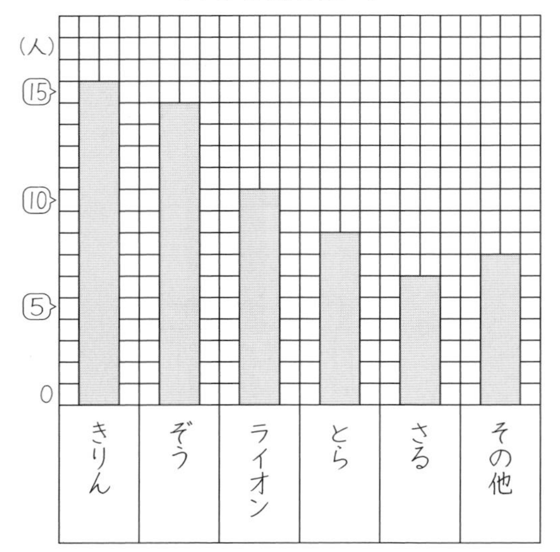

〔P. 127〕

① けが調べ（10月）

しゅるい	1年	2年	3年	4年	5年	6年	合計
きりきず	2	3	2	3	4	㋕ **3**	17
すりきず	㋐ **4**	5	3	5	㋔ **3**	5	25
うちみ	1	2	3	㋓ **4**	2	6	㋗ **18**
その他	2	㋑ **3**	2	1	2	㋖ **0**	10
合計	9	13	㋒ **10**	13	11	14	㋘ **70**

② けがをした人の合計

〔P. 128〕

1 ① 50－□＝30
② 50－30＝20　　20こ

2 ① 60＋□＝80
② 80－60＝20　　20こ

〔P. 129〕

1 ① 24＋□＝30
② 30－24＝6　　6まい

2 ① □－12＝28
② 28＋12＝40　　40まい

〔P. 130〕

1 ① □×5＝40
② 40÷5＝8　　8こ

2 ① 35÷□＝7
② 35÷7＝5　　5こ

〔P. 131〕

1 ① □×5＝40
② 40÷5＝8　　8円

2 ① □÷4＝20
② 4×20＝80　　80人